KB234158

기후다이어트

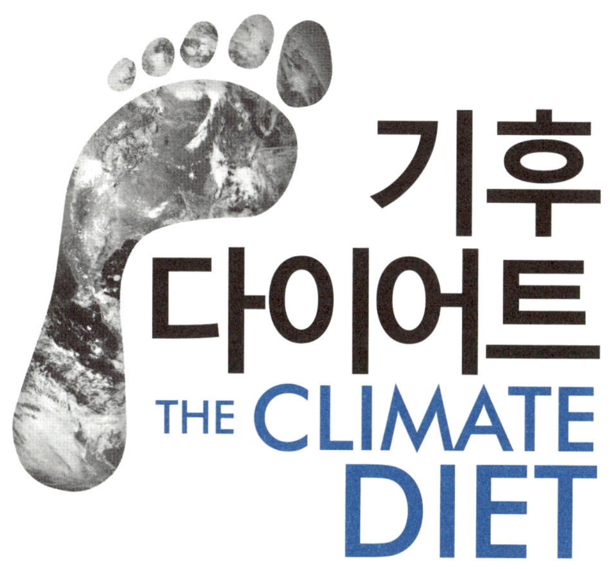

기후
다이어트
THE CLIMATE DIET

조나단 해링턴 지음
양춘승 옮김

기후변화의 실천적 해법,
기후 다이어트

우선 저의 졸저인《The Climate Diet》가 한국에 소개될 기회를 가지게 되어 기쁘고 영광스럽게 생각합니다. 지금이야말로 개인, 집단, 공동체 모두가 온실가스를 줄이는 데 동참해야 할 때입니다.

근래 들어 한국정부는 '저탄소 녹색성장 전략'으로 녹색기술에 많은 투자를 하고 있고, 기업이나 소비자들이 탄소를 적게 배출하도록 동기부여를 하고 있습니다. 또한 UN 기후변화협약이나 2010년 11월 서울에서 성공적으로 개최된 G-20 정상회담 같은 국제적 포럼에서도 훌륭한 리더십을 발휘했습니다.

그러나 이러한 노력에도 불과하고 지구 온난화라는 재앙을 막으려면 여전히 해야 할 일이 많습니다. 온실가스 배출은 한국을 비롯해 세계 곳곳에서 계속 늘어나고 있습니다. 한국은 화석연료에 대한 수입 의존도가 높은 나라입니다. 이 화석연료는 환경을 위태롭게 할 뿐 아니라 나아가 향후 국가경제의 발전을 위협하는 요인이기도 합니다.

온실가스 배출이 가지고 있는 이런 파괴적 영향은 점점 더 명백해

지고 있습니다. 지구 표면의 기온은 놀라운 속도로 올라가고 있습니다. 한반도의 기온 상승은 지구 평균보다 훨씬 더 빠르고, 초대형 태풍이나 극심한 가뭄 같은 이상기후가 동아시아 전역에 걸쳐 더욱 자주 나타나고 있습니다. 세계 전역에 걸쳐 빙하가 녹아 해수면이 올라가고 있고, 수억 명의 사람들이 마실 물이 부족해지고 있습니다.

또한 기후변화는 수만 종의 동식물을 멸종으로 이끌고 있습니다. 우리가 지금 바로 단호하게 행동하지 않으면, 우리의 미래에 대한 이 모든 위협은 점점 더 심각해질 것입니다. 이 책이 전하고자 하는 주요 메시지는 정치인이나 기업체 대표들이 이 위기를 헤쳐 나갈 때까지 기다려서는 안 된다는 것을 말하고 있습니다. 우리들 모두는 바로 오늘 우리가 지구에 미치는 영향을 줄일 수 있는 힘이 있습니다.

기후 다이어트에 나서는 일은 어렵지도 않고 어느 생활양식에나 다 맞춰서 실천할 수 있습니다. 제가 제시한 6가지 기후 다이어트 계획표를 따라 해보시면 '탄소 칼로리'를 어떻게 계산하고 줄일 수 있는지 알게 됩니다. 이 책은 가정에서, 도로에서, 가게에서, 그리고 마을에서 여러분이 탄소발자국을 40%까지 줄이면서 동시에 그만큼 돈도 아끼는 방법을 제시하고 있습니다.

이 책의 한국어판 출간을 위해 시간과 재원을 제공해 주신 호이테 북스와 이 책을 번역하고 한국 독자에 맞춰 내용을 손보는 수고를 아끼지 않으신 양춘승 박사님께 특히 감사의 말씀을 드립니다. 양 박사님은 탄소정보공개프로젝트CDP의 한국 파트너 기관인 한국사회책임투자포럼의 공동 설립자이자 상임이사로, 그 분의 활동에 깊은 존경과 신뢰를 함께 보냅니다.

마지막으로 지구에 미치는 영향을 줄이기 위해 일상생활에서 구체적 행동에 나선 한국의 모든 분들께도 각자의 역할을 훌륭하게 해주셔서 감사하다는 인사를 올립니다. 그 분들 덕분에 우리의 아들과 딸이 현재에나 미래에나 '어머니 지구'의 풍성한 혜택을 누릴 수 있을 테니까요.

Dr. Jonathan Harrington

Associate Professor of International Relations

Troy University

지구의 혜택을 누릴 수 있는
권리를 위한 의무, 기후 다이어트

제가 이 책을 읽은 것은 정말 우연이었습니다. 기후변화정책을 공부하면서 저는 이미 우리 삶의 모습을 뒤바꾸고 있는 기후변화의 위기를 이겨내는 길은 '우리 모두가 삶의 양식을 바꾸고, 실천할 때 가능하지 않을까?'라는 생각을 하고 있었습니다. 왜냐하면 산업발전이나 생산활동 등 모든 경제행위가 현대생활에서는 필수불가결한 존재가 되어 그것 자체의 변화만으로는 이 엄청난 재앙을 이겨낼 수 없다고 생각했기 때문입니다.

가랑비에 옷이 젖듯이, 어느새 개인의 일상생활에서 나오는 온실가스가 세계 어느 나라를 불문하고 전체의 30% 이상을 차지하고 있습니다. 달리 말하자면, 우리 삶을 저탄소 방식으로 바꾸면 경제활동을 크게 위축시키지 않고도 기후변화를 극복할 수 있다는 것입니다. 이런 문제의식을 가지고 있던 차에 우연히 이 책을 발견하고 구입해 읽게 되었습니다.

이 책은 제가 고민하던 부분들을 자세히 다루고 있었습니다. 우리는 통상 온실가스를 줄이기 위해서는 일상에서 전기를 적게 사용해야 된다는 정도만 알고 있습니다. 그런데 이 책의 저자는 그 이상의 근본적인 생활의 변화를 요구합니다. 즉 집과 의복, 식탁과 교통 등 생활의 인프라에 해당되는 영역에서부터 변화가 필요하다는 것을 역설하고 있습니다. 그리고 그 길이 바로 우리 자신과 우리의 아들딸에게 올바르고 쾌적한 지구의 혜택을 누릴 수 있게 해주는 유일한 방법이라고 주장하고 있습니다.

이제 친환경이나 저탄소는 여유 있는 자의 말장난이 아닙니다. 부자건 가난하건 지구의 혜택을 계속해서 누리고 싶은 사람이라면 누구든 쾌적한 지구환경을 지키는 일에 바로 나서야 합니다. 그리고 그 일은 어려운 것이 아니라 조금 덜 쓰고 덜 욕심내며 살아가는 것입니다.

우선 우리 일상에서 실천할 수 있는 일부터 시작하면 됩니다. 이 책은 그 일을 하는 방법과 과정을 세세히 안내하고 있습니다. 처음에는 조금 귀찮고 불편할지 모르지만, 언젠가 본인도 모르게 그러한 삶이 주는 행복에 빠져들 것입니다.

이 책은 미국의 중산층을 모델로 하여 저탄소 생활을 제시하고 있습니다. 따라서 집의 규모도 크고 생활용품도 우리보다 많이 소비합니다. 그래서 이 책에 나오는 구체적인 단위나 비용은 모두 국내의 독자가 이해하기 쉽도록 바꾸었습니다.

한 가지 예를 들면, 우리나라의 전기요금 체계는 매우 복잡하고 누진제로 적용됩니다. 하지만 이 책에서는 제가 현재 지불하고 있는 요금인 kWh당 171원을 일률적으로 적용하여 설명하였습니다. 따라서 전기를 많이 소비하는 독자라면, 기후 다이어트를 통해 전기요금을 훨씬 많이 절약하실 수 있을 것입니다.

어쨌든 이 책에 나온 수치는 참고일 뿐으로, 여러분의 생활방식과 여건에 따라 편차가 크기 때문에 스스로 계산해야 한다는 점을 기억하기 바랍니다. 어떻게 계산하는지에 대한 길잡이는 책을 통해 충분히 알 수 있을 것입니다.

국내 독자들을 위해 원저에는 없는 국내 자료도 가급적 첨부하려 했기 때문에 몇 가지 수치에 있어서는 약간의 편차가 있는 경우도 있으나 그리 큰 문제가 되지는 않을 것입니다. 혹시 번역상의 오류가 있다면 이는 전적으로 역자의 잘못입니다. 그런 오류를 발견하고 언제든지 지적해 주시면 새롭게 보완하겠습니다.

아울러 이 번역서가 나오는 데는 여러 사람의 수고가 있었습니다. 이런저런 자료를 찾고 정리해준 이종오, 최애정, 서정석 등 한국사회책임투자포럼의 동료들, 정확한 의미를 파악하기 위해 메일을 보낼 때마다 친절하게 답을 해준 저자 Harrington 교수, 이 책을 기꺼이 출판해 주신 호이테북스의 식구들, 여러 가지 결점에도 추천의 글을 써주신 여러분들, 그리고 마지막으로 묵묵히 뒤에서 나를 지원해준 아내와 가족들에게 깊은 감사의 마음을 전합니다.

역자 양춘승

개인들이 실생활에서 활용해야 할
기후 다이어트 실천법

이 책《기후 다이어트 The Climate Diet》의 출간을 진심으로 축하드립니다. 흔히들 지구 온난화로 인한 기후변화를 21세기 인류가 당면한 가장 큰 도전이라고 말하곤 합니다. 국제사회가 겪고 있는 문제는 기후변화 외에도 빈곤, 질병, 테러, 마약 등 많습니다. 하지만 기후변화는 지역이나 국가, 계층 등을 막론하고 전 세계 모든 사람들에게 영향을 미치고 있다는 점에서 다른 것들과 구별되는 이슈입니다.

더우기 현재의 추세대로 진행되어 온실가스의 대기 중 축적량이 지구가 감당할 수 있는 임계치를 넘어설 경우, 그 피해의 규모와 양상은 전혀 예측하기 어려울 뿐만 아니라 지구의 환경을 예전의 상태로 돌이킬 수 없다는 점에서 기후변화는 다른 글로벌 이슈들과 큰 차이점을 가진다 할 수 있습니다.

따라서 기후변화에 효과적으로 대응하기 위해서는 전 세계 모든 국가가 온실가스를 감축하려는 노력에 동참하는 것이 필요합니다. 그리고 이를 위해 UN을 중심으로 190여 개 회원국들이 국제적인 대응 방안을 마련하기 위한 협상을 활발히 전개하고 있습니다.

최근에는 온실가스 축적에 역사적인 책임을 가진 선진국들의 우선적 감축의무를 규정한 교토의정서의 1차 공약기간이 2012년 말에 종료됨에 따라 이를 연장, 대체 또는 보완하기 위한 협상이 치열하게 전개되고 있습니다.

하지만 구속력을 가진 국제적 합의일지라도 이를 이행하기 위해서는 각국 정부가 정치적 의지를 발휘하고 자국 내의 법적, 제도적 장치가 갖추지 않는다면 실효성이 반감될 수밖에 없습니다. 또한 아무리 좋은 정책, 법, 제도가 마련되어 있다고 하더라도 기업이나 개인의 생산과 소비패턴, 생활방식이 바뀌지 않는다면, 실질적인 효과를 기대할 수 없습니다.

이미 시중에는 기후변화에 관한 국제적 협력, 각국의 정책 및 기술혁신 동향, 기업의 역할 등에 초점을 맞춘 자료는 많이 출간되었습니다. 하지만 기후변화로 인한 최종 피해 당사자이자 가장 중요한 주체인 개인들이 쉽게 생활에서 실천할 수 있는 아이디어를 담은 책은 찾기가 어려웠습니다.

마침 이러한 때 시의적절하고 유익한 정보를 많이 담고 있는 이 책이 출간되어 반갑기 그지없습니다. 이 책에 담긴 실용적인 내용이 널리 활용되어 전 지구적 기후 다이어트에 우리나라가 더욱 큰 리더쉽을 발휘할 수 있기를 기대합니다.

2011년 3월
외교부 기후변화 대사 손성환

지구 온난화는
이미 우리 뒤뜰에 와 있습니다

이 프로젝트는 원래 학술서적을 만들기로 하고 시작되었습니다. 저는 재직 중인 대학의 종신교수직 지원을 1년 앞둔 상황이었고, 학계에서 저명한 사람이 되려면 학술적인 책을 써야 한다는 것도 알고 있었습니다. 사실 학계는 비잔틴식의 불문율과 암호들로 가득한 불가사의한 세계입니다. 학술지들은 전문용어로 가득해서 일반인들은 거의 접근조차 할 수 없습니다.

저는 대부분의 사람들처럼 그 책을 예정된 기간 내에 끝내지 못했습니다. 흔히 말하듯, 목구멍이 포도청이었지요. 그러나 어쨌든, 저는 다행히도 종신교수가 되었습니다. 그리고 지금은 내가 쓰고 싶었던 책을 쓰게 되었습니다. 자연을 향한 저의 사랑과 지구 온난화가 우리의 미래를 어떻게 위험에 빠뜨리는지에 대한 진지한 고민, 더 나아가 우리가 기후변화에 대응하기 위해 일상에서 사용할 수 있는 실천 전략까지 제공할 수 있는 그런 책 말입니다.

님비NIMBY라는 말이 있습니다. 이를 직역하면 "내 뒤뜰에는 안

돼!not in my backyard"인데, 집단행동의 핵심적인 동기를 표현하기 위해 환경운동가들이 주로 쓰는 용어입니다. 대부분 사람들은 너무나 당연하게 자기 자신과 가족, 그리고 이웃이나 공동체에 직접 영향을 미친다고 판단되는 위험에 대해서는 즉각 대항할 준비를 합니다. 하지만 불행하게도 지구 온난화는 아직 현재 진행형임에도 불구하고, 개인적인 위험으로 간주되지 않고 있습니다. 그저 정부, 지자체, 국제기구가 해결해야 할 문제로 보고 있는 것입니다. 강 건너 불구경을 하고 있는 셈이지요.

이 책의 주요 목표 중 한 가지는 바로 이러한 오해를 없애는 것입니다. 지구 온난화는 이미 우리의 뒷마당에 와 있습니다. 수백만 개인의 집단행동이야말로 현재의 기후위기에 대처할 수 있는 핵심동력입니다. 우리 모두는 스스로의 생활방식을 고쳐야 할 일정한 책임을 지고 있습니다. 그것은 이 지구를 데우고 있는 온실가스 생산의 주범인 화석연료 기반의 에너지, 제품, 서비스 사용을 줄이는 것입니다.

우리가 누리고 있는 현재의 생활습관은 지구의 풍요로움을 향유해야 할 우리 아이들의 기본권을 문자 그대로 박탈하고 있음을 직시해야 합니다. 이제 이 문제와 싸우기 위해 한 마음으로 행동해야 합니다. 그래야만 우리는 고삐가 풀린 기후변화로 인해 나타날 수 있는 가장 심각한 지역적이고도 지구적인 피해를 막을 수 있는 힘을 가지게 될 것입니다.

CONTENTS

- **한국어판 서문** 기후변화의 실천적 해법, 기후 다이어트 ··· 4
- **옮긴이의 글** 지구의 혜택을 누릴 수 있는 권리를 위한 의무, 기후 다이어트 ··· 7
- **추천사** 개인들이 실생활에서 활용해야 할 기후 다이어트 실천법 ··· 10
- **들어가며** 지구 온난화는 이미 우리 뒤뜰에 와 있습니다 ··· 12

 **01** 더워지는 세상을 위한 시원한 전략 ··· 19

01 기후변화에 대해 우리가 알아야 할 것들 ··· 23
02 아이스크림 가게의 아이들 ··· 26
03 기후 다이어트 ··· 28
04 얼마나 줄여야 할까요? ··· 31

 **02** 기후 다이어트를 해야 하는 10가지 이유 ··· 37

01 첫 번째: 누군가 해야 합니다 ··· 40
02 두 번째: 현재의 지속가능발전 모델은 지속 가능하지 않습니다 ··· 42
03 세 번째: 지구 온난화, 우리 집 뒤뜰에서 일어나고 있습니다 ··· 43
04 네 번째: 개도국의 기후변화 고통을 덜어줘야 합니다 ··· 46
05 다섯 번째: 과거의 잘못은 고쳐야 합니다 ··· 49
06 여섯 번째: 더 좋은 지구 지킴이가 되어야 합니다 ··· 50
07 일곱 번째: '풍요병'은 물리쳐야 합니다 ··· 53
08 여덟 번째: 공유자원을 지켜야 합니다 ··· 55
09 아홉 번째: 돈을 아낄 수 있습니다 ··· 56
10 열 번째: 자연을 위하여 자연을 지켜야 합니다 ··· 57

03 금메달을 향하여: 기후 다이어트를 위한 핵심 요점 … 61

01 에너지와 이산화탄소: 기본 지식 … 64
02 사탕 대 당근: 탄소 칼로리 계산 … 66
03 구역별 성공전략 … 70
04 지구 온난화를 막는 세 가지 과정 … 72
05 선택은 이제 당신의 몫이다 … 75

04 덜 쓰는 것이 더 낫다: 기후 다이어트 집 꾸미기 … 77

01 집이 달라지면 기후도 바뀐다 … 80
02 어디서부터 시작할까요? … 83
• 실행 팁 … 107

05 적절한 균형 찾기: 난방, 냉방, 집 밖의 공간들 … 109

01 냉난방의 기본 지식 … 111
02 적정온도 찾기 … 112
03 원하는 곳에 냉난방 공기 유지하기 … 113
04 에너지 고효율 시스템 구입하기 … 118
05 냉방 … 119
06 실외공간 관리 … 122
07 자연과 어울리기 … 125
08 기타 기후 친화적 리모델링 제안 … 127
09 결론 … 128
• 실행 팁 … 130

06 장보기, 식사, 재활용 그리고…… … 131

01 숨어 있는 에너지 … 134
02 우리가 먹는 음식: 기후영향 비교 … 138
03 육류소비의 환경비용에 대해서 … 142
04 폐기물: 처분과 재활용 … 143
05 지구를 위한 퇴비화 … 146
06 신토불이 구매의 편익 … 148
07 포장의 유해성 … 152
08 선물하기 … 153
09 장보기와 실업 … 155
10 야외 레저활동과 환경 … 156
11 그저 덜 쓰는게 최고 … 158
• 실행 팁 … 160

07 기후 친화적으로 길 떠나기 … 161

01 자동차에 열광하는 현대인 … 163
02 비싼 자가용 소유비용 … 166
03 새 차와 중고차 … 171
04 이미 보유하고 있는 차 200% 활용하기 … 172
05 대중교통 혹은 인간동력: 깨끗하고 값싼 대체수단 … 174
06 비행기에 대하여 … 178
07 속빈 강정, 바이오 에탄올 … 180
08 바이오 디젤 … 183
09 전기 자동차, 수소 자동차 … 184
10 결론 … 187
• 실행 팁 … 189

08 좋은 기후를 위한 공동체 전략 … 191

01 어떻게 동료를 찾을 것인가? … 194
02 하이 윈드(High Wind) 주민의 성공기 … 196
03 환경 친화적인 공동체 만들기 … 199
04 인구증가와 대기 … 201
05 환경 친화적인 투자 … 203
06 탄소상쇄(Carbon Offset) … 207
07 투표와 정치적 행동주의 … 210
• 실행 팁 … 213

09 기후 다이어트 최종 결과 … 215

01 최종 결과: 온실가스 배출 … 217
02 최종 결과: 비용 … 219
03 기후 다이어트 권장사항 정리 … 220
04 기타 기후 다이어트 팁: 탄소 중립과 재생 에너지 … 225

10 에필로그: 우리의 생활양식 - 지구의 운명 … 229

01 기후 다이어트: 단계별 요약 … 231
02 기후 다이어트: 새로운 세기를 향한 새로운 생활양식 … 232
03 다른 행동, 다른 미래 … 233

• 부록 1 기후변화의 과학 … 235
• 부록 2 자료집 … 240

더워지는 세상을 위한
시원한 전략

01 기후변화에 대해 우리가 알아야 할 것들
02 아이스크림 가게의 아이들
03 기후 다이어트
04 얼마나 줄여야 할까요?

　'기후변화'는 최근 가장 많이 거론되는 주제가 되었습니다. 모든 사람이 기후변화에 대해 말하고 있습니다. 오랫동안 이 지구의 위험에 대해 걱정해온 전문가들과 환경운동가들뿐 아니라 이제는 주요 신문과 방송사를 비롯해 영화배우, 국회의원, 대통령, 수상 등 모든 유명인사들까지 그에 동참하고 있습니다. 지구의 기후에 뭔가 이상이 생겼다는 인식은 상하이의 콘크리트 계곡에서 호주 앨리스 스프링스의 메마른 평지에 이르기까지 의식 있는 사람들 사이에 대단히 빠르게 확산되고 있습니다.

　그리고 실제로 이상기후 현상이 도처에서 나타나고 있습니다. 허리케인으로 인한 피해도 더 자주 그리고 더 강력하게 일어나고 있습니다. 2006~2007년 겨울에도 이는 예외가 아니었습니다. 2007년 1월 뉴욕의 센트럴 파크에서는 기온이 21℃까지 오르자 수천 명의 사람들이 겨울옷을 벗어 던지고 거리로 몰려나왔습니다. 그런데 바로 며칠 뒤에 이 도시는 갑자기 눈으로 뒤덮였습니다.

　또한 시애틀은 원래 강수량이 많은 도시이긴 했지만, 그 해 11월에는 역사상 가장 비가 많이 내렸습니다. 호주에서 농업생산의 40%를 차지하는 머래이 달링강 유역의 농부들 역시 계속된 가뭄으로 인한 심각한 물 부족으로 최악의 손실을 경험했습니다.

게다가 미국의 동남부 지방에서는 심각한 가뭄이 들어 많은 농민들이 수확을 포기했으며, 주지사와 지역 유지들 사이에는 물을 둘러싼 분쟁이 일어났습니다. 북극 지역에 사는 수천 명의 사람들도 영구 동토층이 서서히 녹아내리면서 자신들의 집이 내려앉는 모습을 하릴없이 바라보고 있는 실정입니다.

그런데 이렇게 많은 증거에도 불구하고 아직도 많은 사람들이 이런 질문을 던집니다.

- **지구 온난화가 뭐예요?**
- **이유는 무엇이고, 무엇이 문제인가요?**
- **진짜 그렇다면 우리는 무엇을 해야 하나요?**

이 책은 이런 질문에 대해 분명하고 확실한 대답을 제공합니다. 그렇습니다. 지구 온난화는 현재나 미래에나 실재하는 위험요소입니다. 에너지를 많이 쓰는 당신의 생활양식은 많은 온실가스[1]를 발생시켜, 두터운 이불과 같은 역할을 함으로써 지구를 덥게 만듭니다.

그러나 아직은 희망이 있습니다. 당신이 개인이건 가족이건 아니면 지역사회의 일원이건 석탄이나 석유, 천연가스와 같은 화석연료의 사용을 줄일 수만 있다면, 기후변화가 진행되는 것을 막을 수 있습니다.

이제 당신이 진정으로 해야 할 일은 다이어트입니다. 바로 기후 다이어트 말입니다. 이 책을 읽으면서 당신은 지구 온난화에 대해 알아

---

1. 대부분은 이산화탄소(CO_2)이고 그 밖에 메탄(CH_4), 아산화질소(N_2O), 수화불화탄소(HFCs), 과부화탄소(PFCs), 6불화유황(SF_6) 등이다.

야 할 모든 정보를 얻을 수 있을 뿐 아니라 간단하게 몇 가지 생활방식을 바꿈으로써 탄소발자국[2]을 40% 이상 줄이고 연간 에너지 관련 비용을 34% 이상 절약하는 것이 어떻게 가능한지 알게 될 것입니다.

자, 그럼 이제 지구를 지키고 그와 더불어 돈까지 아낄 준비가 되셨나요? 그렇다면 이 책을 내려놓지 마시고 계속 읽어 나가시길 바랍니다. 이제부터 당신이 기후 다이어트를 어떻게 시작할 수 있는지 배워볼 차례니까요.

01_ 기후변화에 대해 우리가 알아야 할 것들

당신은 모든 것이 넘쳐나는 세상에 살고 있습니다. 당신은 옷, 신발, 장난감, 전자제품, 실내장식, 정원용 장비, 벽돌, 시멘트 등 모든 것을 너무 많이 소비하고 있습니다. 때로는 물건을 사는 일에 중독이 된 것 같다는 생각까지 듭니다.

또한 당신은 맛있는 음식을 정신없이 먹다가 과식으로 고생을 하기도 합니다. 게다가 당뇨, 비만, 폐암과 같은 생활습관성 질환으로 매년 수만 명의 사람들이 죽거나 수백만 명이 병에 걸리고 있습니다. 몸이 요구하는 것 이상으로 과잉소비를 하고 있기 때문이지요.

이로 인해서 인간들만 병들어 가는 게 아닙니다. 우리의 어머니인 지구는 오랫동안 인간이 과잉소비를 하지 않았을 때에는 건강을 유

---

2. 개인이나 집단이 직간접적으로 발생시킨 온실가스 총량을 의미하는 것으로 여기서는 가구당 배출하는 온실가스 양을 지칭함

지해 자신의 구석구석에서 살아가는 무수한 생명체를 먹여 살렸습니다. 그러나 60억 인간이 지금 그 상황을 바꾸고 있습니다.

우리 인간은 지구의 자원을 흥청망청 남용함으로써 자신을 죽음으로 내몰고 있을 뿐만 아니라, 우리를 지탱시키고 있는 더 큰 몸통마저 파괴하고 있습니다. 어머니 지구의 핏줄인 강과 개울에는 유독성 쓰레기로 가득찬 물이 흐르고 있으며, 어머니 지구의 얼굴인 지표면에는 마마자국처럼 고속도로와 고층 건물, 아파트, 쇼핑몰, 쓰레기 매립지 등이 자리하고 있습니다. 그리고 어머니 지구의 폐인 대기는 오염된 오존층의 파괴물질로 가득 차 자외선을 차단하는 기능을 상실하고 있습니다.

그러나 지구를 가장 크게 위협하는 것은 뭐니뭐니해도 석유나 석

그림 1-1 | 탄소순환

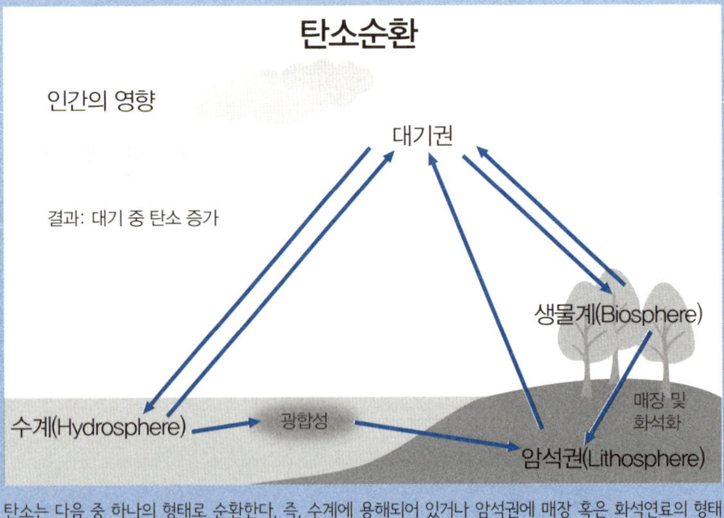

탄소는 다음 중 하나의 형태로 순환한다. 즉, 수계에 용해되어 있거나 암석권에 매장 혹은 화석연료의 형태로 머물거나 생물계의 광합성 활동으로 식물에 저장되어 있거나 대기권에 남아 있거나 한다. 그런데 암석권의 화석연료를 태우면 추가적인 탄소가 대기권으로 이동하게 되어 대기 중 탄소가 증가하게 된다. 이것이 온실가스로써 지구를 데우는 역할을 한다.

탄과 같이 탄소에 기반한 에너지원의 과다한 사용입니다. 이로 인해 지구의 온도를 조절하는 정교한 시스템이 교란되고 있습니다. 〈그림 1-1〉과 같은 탄소순환 시스템이 대기, 육지, 해양, 퇴적물 등에 녹아 있는 탄소 수준을 제어하는데, 이 제어장치가 고장나게 된 것입니다.

수백억 년 동안 인류의 어머니였던 지구는 화석연료 등에서 배출된 엄청난 양의 탄소를 액체, 고체, 기체의 상태로 지표면과 수면 위·아래에 안전하게 보관해 왔습니다. 단지 극소량, 즉 대기의 1% 미만 정도만 이산화탄소나 메탄과 같은 온실가스가 되어 지구의 온도를 안정적으로 유지토록 해왔던 것입니다.

그리고 이러한 온실효과로 인해 오랫동안 인류는 극심한 추위로부터 보호를 받고 지구는 생명체와 인류문명의 발전에 적정한 온도를 지금까지 유지할 수 있었습니다. 하지만 인간이 소비하는 엄청난 양의 화석연료로 인해 지금은 너무 많은 이산화탄소가 대기 중으로 배출되고 있습니다. 2006년을 기준으로 하루 약 8천 4백만 배럴의 석유에 해당하는 엄청난 양을 말입니다.

국제에너지기구_{the International Energy Agency, IEA}는 당장 조치를 취하지 않을 경우, 2030년이 되면 전 세계 석유 소비량은 하루 1억 1,600만 배럴 이상으로 늘어나고, 1차 에너지 수요는 2005년 대비 55% 증가할 것으로 예측하고 있습니다. 그렇게 되면 결과는 뻔합니다. 종이처럼 얇은 지구의 온실가스층이 너무 두꺼워지게 되는 것이죠.

지구의 기온은 백만 년 이래 가장 더웠던 때의 2℃ 이내로 접근하고 있습니다. 그리고 온실가스가 더 축적되면, 마치 전기담요의 온도를 올리는 것처럼 지구는 그만큼 더워질 것입니다_{부록 1 참조}.

02_ 아이스크림 가게의 아이들

이렇듯 기후위기가 코앞에 닥쳐온 것은 분명합니다. 그렇다면 당신은 왜 이러한 지구의 위험에 대처하기 위해 더 많은 노력을 하지 않았을까요?

비유컨대, 탄소로 이루어진 화석연료를 사용하는 문제에 있어 당신은 아이스크림 가게에 있는 아이들과 똑같습니다. 그것이 거기 있고 당신은 그것을 원하고 있다는 점에서는 크게 다를 바가 없는 것이죠. 그것도 지금 당장 원하는 데 있어서는 말입니다. 그것을 살 돈이 있는데 무슨 문제가 되겠습니까?

그 문제에 대해 부시 대통령이 2006년 미국 의회의 연설에서 "미국은 석유중독에 빠져 있다"라고 지적한 것은 정곡을 찌르고 있습니다. 그리고 단지 정도의 차이만 있을 뿐이지 이런 중독 증세는 산업화가 진행된 대부분의 나라에서 나타나고 있는 현상입니다.

당신은 마치 내일이 없는 사람이 가장 맛있는 음식을 찾아 천방지축 날뛰고 있는 것처럼 화석연료를 사용하고 있습니다. 음식을 대개 이런 식으로 주문하고 있는 것처럼 말이죠.

"초콜릿 모카 선디sunade[3] 하나 주세요. 아니 두 개요. 그리고 바나나 스플릿[4] 두 개랑 더블 퍼지 브라우니[5]도 하나 추가해 주세요. 휘핑크림[6]을 꼭 얹어 주시고요. 아, 참 레인보우 스핑클[7]도 얹어 주면 좋

---

3. 아이스크림 위에 시럽 등을 얹은 디저트
4. 바나나 조각 위에 각종 아이스크림, 시럽을 얹은 디저트
5. 진한 코렛 맛의 브라우니(부드러운 쿠키류)
6. 연한 생크림(커피 등과 함께 나오는)
7. 형형색색의 아주 작은 과자 조각

겠네요. 그리고 당연히 아시겠지만, 선디 아이스크림 위에 딸기는 필
수겠죠?"

그렇습니다. 당신은 이런 식으로 과식을 합니다. 그리고 그렇게 과
식한 탓에 밤새도록 고생을 합니다. 물론 당신의 몸은 일시적으로는
이러한 고통을 견뎌낼 수 있습니다. 하지만 과식이 다반사가 되면 진
짜 큰 문제가 생깁니다. 바로 다음과 같은 문제들이 일어나게 되는 것
이죠.

1. **갑자기 옛날 옷이 몸에 맞지 않는다.**
2. **쉽게 피곤하고 아프다.**
3. **혈중 콜레스테롤과 혈압이 올라간다.**
4. **이런 증상을 고치기 위해 약을 복용하지만, 그로 인해 건강상 새로운 문제
   가 발생한다.**
5. **만성질환에 시달린다.**
6. **혈전이 동맥을 막아 결국은······.**

지구 온난화도 이와 비슷한 과정을 밟습니다. 서서히 진행되는 질
병처럼 지구 온난화도 눈치를 채지 못하는 사이 슬금슬금 당신에게
다가옵니다. 당신은 '고급 SUV를 사건 대궐 같은 집을 짓건 주말에
파리로 여행을 가건 나에게 해가 되나?', '차가 있는데 빵을 사러 꼭
걸어가야 하나?'라고 생각합니다. 또 당신은 집이나 자동차의 히터
와 에어컨을 빵빵하게 틀어 놓고 지냅니다.

바로 이런 생각과 행동들이 지구 온난화를 부추기고 있습니다. 만

약 당신이 배출하는 온실가스를 계산하여 10억을 곱하면 어떻게 될까요? 그렇게 오랫동안 과잉소비를 하다 보니 이제 본격적으로 문제들이 발생하기 시작했습니다. 운동을 하지 않으면 허리의 군살이 빠지지 않듯이 이제 지구 온난화도 당신의 생활방식을 바꾸지 않는 한 사라지지 않을 겁니다.

03_ 기후 다이어트

당신은 어느 시점엔가 선택을 해야 합니다. 당신 자신과 지구의 체계적 균형을 잡기 위해 조치를 취하던지 아니면 고통을 당할 준비를 해야 합니다. 의사가 너무 많이 먹어 빨리 죽는다고 말한다면, 당신은 무엇을 해야 할까요?

다이어트를 해야 하겠지요. 예, 그렇습니다. 그처럼 지구 온난화를 막기 위해 당신에게 권유하는 것도 바로 다이어트입니다. 그렇다면 성공적인 다이어트를 위해서 당신은 어떻게 해야 할까요?

당신은 앞으로 소개할 여섯 단계, 즉 '현실 직시 → 결단 → 목표 설정 → 탄소 칼로리 계산 → 동행 → 평가 및 검사'의 단계를 거칩니다. 그리고 이것은 다른 어떤 생활양식에도 물론 적용할 수 있다는 장점이 있습니다.

자, 그럼 이제 본격적으로 다이어트에 성공하기 위한 여섯 단계를 살펴보도록 하겠습니다.

1. 현실을 직시한다

당신의 생활양식이 다른 사람에게 어떻게 영향을 미치는지 깨닫는 것은 대단히 중요합니다. 그렇다면 왜 당신은 인간으로 인한 이러한 기후변화에 관심을 써야 할까요. 바로 지구 온난화가 현재 바로 여기에서 일어나고 있기 때문입니다.

그것은 바로 당신 집 뒤뜰에서도 벌어지고 있습니다. 그리고 그 영향은 시애틀 지역에 있는 저희 집이나 상하이의 콘크리트 빌딩숲이나 그린란드의 땅속 등 도처에서 나타나고 있습니다. 이것은 이제 당신이 지금 당장 직시해야 할 지구적 현상이 되었습니다.

2. 결단을 내린다

지구 온난화가 가장 슬픈 이유는 당신의 행위가 당신 자신의 삶에 영향을 미치는 데 그치지 않고 더 나아가 지구 저편에 사는 사람들과 당신의 후대에까지 영향을 주기 때문입니다. 당신이 기후에 미친 영향에 대해 짊어져야 할 책임을 한 번 생각해 보십시오.

이제 자녀들에게 보다 지속 가능한 생활방식을 가지도록 가르쳐야 합니다. 그리고 당신은 더 좋은 지구 지킴이가 되어야만 합니다. 과거에 대해 당신은 아무것도 할 게 없습니다. 중요한 것은 현재 상황을 치유하도록 노력하고 당신의 실수를 되풀이하지 않는 것입니다.

3. 목표를 세운다

각 가정은 하나의 단위로서 달성할 목표를 세우고 반드시 기후에 미치는 영향을 실질적으로 줄여야 합니다. 당신은 무언가 할 수 있는 일이 분명히 있습니다.

4. 탄소 칼로리를 계산한다

자, 그럼 이제부터 본격적으로 행동을 취해야겠죠. 3장에서는 당신 가족이 환경에 미치는 영향을 알아보기 위한 아주 쉬운 방법이 소개되어 있습니다. 그 이후에는 당신이 탄소발자국을 줄이기 위해 무엇을 할 것인가를 제안을 하고 있습니다. 4장과 5장에서는 가정에서, 6장에서는 장을 볼 때, 7장에서는 외출을 할 때, 8장에서는 지역에서 각각 해야 할 일들을 보여주고 있습니다.

여기서 저는 세 가지 다이어트 과정 즉, 속성반 과정, 단과반 과정, 종합반 과정을 제시합니다. 각 과정에는 실내공간, 마당, 음식, 쓰레기, 장보기, 교통과 같이 생활의 각 분야에서 당신이 올바른 선택을 하도록 도와주는 수많은 팁들이 있습니다. 이렇게 생활방식을 조금만 바꾸어도 지구에 좋은 일을 할 수 있을 뿐 아니라 당신네 가계부에 보탬이 된다는 것을 알면 당신은 아마 깜짝 놀랄 것입니다.

5. 동행한다

보통 기후 다이어트는 혼자 하는 것보다 친구랑 같이 하면 더 효과적입니다. 이웃이나 동료들과 함께 시작해 보거나 환경단체에 가입하거나 친환경 후보에게 투표를 하거나 기후변화를 최소화하기 위한 지역활동에 참여해 보십시오.

또한 정부기관에 대하여 보다 효율적인 공동체를 계획하고 대중교통을 제공하도록 압력을 행사해도 좋고 지역적·전 지구적 공공의 이익에 참여를 해도 좋습니다. 이 부분은 8장을 참조하세요!

당신이 계획한 다이어트 목표를 달성하셨나요? 9장에서는 당신이 그 동안 어떻게 기후 다이어트를 했는지 알아볼 수 있습니다. 당신의 강점과 약점을 평가할 수도 있고, 그 결과를 유지하고 개선하는데 도움이 되는 제안들이 요약되어 있습니다.

04 _ 얼마나 줄여야 할까요?

과학자들은 기후를 제 모습으로 돌려놓기 위해 당신이 줄여야 하는 온실가스 배출량을 잘 만들어 놓았습니다. 이것을 아주 단순하게 적용해 보겠습니다. 당신이 뭔가 실천을 하면 비록 적은 점수라도 일정한 점수를 따게 됩니다. 물론 더 많이 실천하는 사람에게는 좀 더 좋은 보상이 제공됩니다.

아이들이 다 그렇듯 제 딸도 눈에 보이는 것을 좋아합니다. 정기적으로 대회에 참가하여 부상으로 받은 리본, 상패, 메달을 서가에 장식하는 것에 신을 내고 있습니다. 다행히도 요즘 그 나이 또래의 아이들은 참가하기만 해도 이런저런 부상을 받습니다.

그래서 여느 아이들처럼 제 딸이 받은 부상은 대부분 '참가상'입니다. 하지만 제 딸이 정말 탐내는 것은 메달입니다. 동메달, 은메달, 금메달 같은 것들 말입니다. 제 딸의 입장에서는 메달을 받는 것이야말로 자신이 노력을 해서 뭔가 성과를 얻었다고 여기기 때문입니다.

이와 마찬가지로 대부분의 어른들에게 있어서도 메달을 땄다는 것은 자신의 성취도를 보여주거나 뭔가를 실천하려 했던 자신의 참여, 노력, 헌신의 증거가 됩니다. 하지만 여기서는 당신이 단순히 참가자로 남든 아니면 금메달을 노리든 아무리 작은 것도 모두 소중합니다.

1. 참가상

이 상은 온실가스 배출을 줄이기 위해 아주 작은 노력이라도 한 사람 모두에게 돌아갑니다. 예를 들어, 집을 나올 때 전등을 끄거나 가게에 갈 때 자동차 대신 걸어가거나 욕실의 전등을 콤팩트 형광등으로 바꾸거나 아무리 작은 행위라도 좋습니다. 어떤 노력을 하건 참가상은 주어집니다.

2. 동메달

다음 단계는 동메달입니다. 여러분이 메달을 딸 수 있는 첫 번째 기회죠.

기후변화를 과학적으로 규명하는 일을 담당하는 '기후변화에 관한 정부 간 패널IPCC'은 지구의 이산화탄소 수준을 안정화시키기 위한 첫 번째 단계로 선진국에게 1990년 대비 5~10%의 온실가스 배출을 줄이라고 권유하고 있습니다. 선진국에 사는 사람들은 즉 현재 수준보다 25~30%를 줄여야 하는 셈입니다. 따라서 단기적으로는 모든 가정이 이 목표를 따라야 합니다.

여기서는 많이 줄일수록 좋습니다. 그리고 만약 당신이 25%를 줄이면 당신은 동메달을 받게 됩니다. 어렵게 느껴지시나요? 하지만 실천을 하다 보면, 아마 식은 죽 먹기라서 당신도 놀랄 겁니다.

3. 은메달

당신이 온실가스를 50%를 줄이면, 지구와 후손들을 위해 얼마 남지 않은 자원을 지키겠다는 약속을 훌륭하게 보여줌으로써 당신은 은메달을 받게 됩니다.

물론 하룻밤에 해낼 수는 없겠지요. 어느 다이어트나 생활방식을 실질적으로 바꾸기 위해서는 계획과 헌신이 있어야 합니다. 그러나 50% 감축은 확실히 도전해볼만 합니다. 독일의 1인당 이산화탄소 배출량은 미국이나 캐나다의 절반에 불과하니까요.

그들이 할 수 있다면 당연히 당신도 할 수 있습니다.

4. 금메달

금메달! 가장 따고 싶은 메달이죠. 금메달을 딴다는 것은 당신이 성공의 꼭대기에 우뚝 섰다는 것을 만천하에 알리는 일입니다.

과학자들에 따르면, 지구의 온도가 장기적으로 안정화시키기 위해서는 우리 모두가 집단적으로 1990년 대비 60% 이상으로 온실가스 배출을 줄여야 한다고 합니다. 미국인이나 캐나다인에게는 75% 이상 줄여야 한다는 의미입니다.

불가능하다고 생각하세요? 자, 잘 보세요. 2005년 기준으로 미국인의 1인당 평균 온실가스 배출량을 100으로 가정하면, 세계 인구의 3/4은 1인당 25 이하의 온실가스를 배출하고 있습니다. 당신이 조금만 신경을 쓰면 해낼 수 있는 일입니다.

궁극적으로 당신이 추구해야 할 것은 진정한 의미의 지속 가능한 발전입니다. 즉, 에너지나 자원을 사용하되 후손을 위해 남겨두고 현재건 미래건 다른 사람에게 피해를 주지 않는 방식이어야 합니다. 다행히도 대체 에너지와 보존 기술이 진보하고 있어 이런 목표를 달성하기가 여느 때보다 쉬워졌습니다.

하지만 여기서 진짜 문제가 되는 것은 희망사항을 구체적인 행동으로 실천하는 데 발 벗고 나설 수 있는 개인들을 모으는 일입니다. 지금은 아주 먼 길처럼 보이지만 일단 목적지에 도달하고 나면 다시는 뒤를 돌아보지 않고 나아갈 수 있을 겁니다. 약속합니다!

이 책을 짧게 요약하면, 당신과 당신의 가족 그리고 당신의 지역사회가 이 지구에서 살아가는 방식을 조금씩 바꿔 시간이 지나면 진정한 환경적 혜택을 가져오는 변화를 가져오는 것입니다.

여러 연구에 따르면, 살을 빼는 데 성공하기 위해서는 좋지 않은 습관을 바꾸기 위해 서서히 점진적인 접근을 해야 한다고 합니다. 갑작스런 금식이나 자신이 좋아하는 것을 극단적으로 거부하는 것은 성공적인 다이어트를 가져올 수 없습니다.

온실가스를 줄이는 것도 마찬가지입니다. 모든 집들은 집집마다 특수한 상황을 가지고 있습니다. 또한 모든 사람들은 서로 다른 가치관과 관심사를 가지고 있습니다. 이런 것들을 감안하지 않으면, 탄소 감축을 위한 어떠한 전략도 실패하게 되어 있습니다.

또한 가족 간에도 기후변화에 대해 예언자적 태도를 취해서는 안 됩니다. 지구를 지키자는 열광적인 바람을 가족이 함께 하지 않는다고 해서 신의 복수를 빌어서는 안 되겠지요. 따라서 각 가정은 기후 다이어트를 실천하기 위한 한 단위로서, 모두가 찬성하고 함께 실천할 수 있는 새로운 생활양식의 변화를 추구해야 합니다.

당신이 할 수 있을 때 할 수 있는 만큼 줄이면 됩니다. 만약 장에 갈 때 차를 가지고 가야만 한다면, 다른 곳에서 줄이면 됩니다. 가령, 시장에 조금 덜 가고, 집 가까운 곳에서 휴가를 보내고, 효율적인 난방 시스템을 설치하는 방법이 그것이죠. 그 외에도 온실가스를 줄이는 방법은 무수히 많습니다. 가장 부담이 없으면서도 환경적 혜택이 큰 방식을 선택하시면 됩니다.

자 이제 본격적으로 당신이 기후 다이어트를 실천할 때가 되었습니다.

기후 다이어트를 해야 하는 **10가지 이유**

01 첫 번째: 누군가 해야 합니다

02 두 번째: 현재의 지속가능발전 모델은 지속 가능하지 않습니다

03 세 번째: 지구 온난화, 우리집 뒤뜰에서 일어나고 있습니다

04 네 번째: 개도국의 기후변화 고통을 덜어줘야 합니다

05 다섯 번째: 과거의 잘못은 고쳐야 합니다

06 여섯 번째: 더 좋은 지구 지킴이가 되어야 합니다

07 일곱 번째: '풍요병'은 물리쳐야 합니다

08 여덟 번째: 공유자원을 지켜야 합니다

09 아홉 번째: 돈을 아낄 수 있습니다

10 열 번째: 자연을 위하여 자연을 지켜야 합니다

이제 지구를 위기에서 구하기 위해 무언가 시작해야 하는데 아직도 이유가 필요하신가요? 현대는 데이비드 레터맨의 〈상위 10가지〉[1], 스티븐 코비의 《7가지 습관》[2], 구약의 〈10계명〉과 같이 몇 가지로 함축해 그 지침을 제공하는 시대입니다. 그래서 저도 나름대로 당신이 기후 다이어트에 나서야 되는 10가지 이유를 뽑아 보았습니다.

그 중 하나 정도는 적어도 당신이 왜 탄소를 줄여야 하는지 정당성을 제시해 줄 것입니다. 아울러 그 이유들은 특별한 순서를 매기지 않았습니다. 어느 것이 가장 중요하고 설득력이 있는지는 당신이 판단할 문제니까요.

1. 누군가 해야 합니다

2. 현재의 지속가능발전 모델은 지속 가능하지 않습니다.

3. 지구 온난화, 우리 집 뒤뜰에서 일어나고 있습니다.

4. 개도국의 기후변화 고통을 덜어줘야 합니다.

5. 과거의 잘못은 고쳐야 합니다.

---

1. 미국 NBC 방송의 심야 토크쇼 〈Late Show with Davis Letterman〉에서 특정 사안별로 상위 10가지에 대해 이야기하는 것을 의미한다. 현재는 〈Top Twelve〉로 바뀌었다.
2. 1989년 S. Covey가 쓴 《The Seven Habits of Highly Effective People》를 지칭, 《성공한 사람들의 7가지 습관》으로 번역되었다

6. 더 좋은 지구 지킴이가 되어야 합니다.

7. '풍요병'을 물리쳐야 합니다.

8. 공유자원을 지켜야 합니다.

9. 돈을 아낄 수 있습니다.

10. 자연을 위하여 자연을 지켜야 합니다.

01_ 첫 번째: 누군가 해야 합니다

기후변화로 인한 환경파괴에 대해 누가 가장 큰 책임을 물어야 할까요? 그 누구보다도 북미와 유럽 사람들의 책임이 가장 크다고 할 수 있습니다. 지금도 그들이 환경을 가장 많이 파괴하고 우리 아이들의 미래를 위협하는 온실가스를 가장 많이 배출하고 있기 때문입니다. 실제로 그들은 자동차를 몰고 전등을 켜고 비행기로 여행을 하면서 지구를 데우는 온실가스를 가장 많이 내뿜고 있습니다.

그렇다면 그 책임이 선출직 공무원이나 다국적 기업에는 없는 것일까요? 물론 그들도 공범입니다. 미국 영토의 대부분은 사실 온실가스 배출에 대한 규제가 느슨하거나 아예 존재하지 않습니다. 단지 몇몇 주에서 공동으로 중앙정부의 감독을 받지 않고 이산화탄소를 규제하고 있는 상황입니다. 사정이 이렇다 보니 BP, 엑손 모빌, 세브론과 같은 석유회사들이 엄격한 규제를 받는 외국에서와는 달리 미국에서는 예전의 방식대로 영업을 하고 있습니다.

또한 어떤 유럽의 정치인들은 친환경 정책을 채택하고 진전을 이루는 데 자신들이 얼마만큼 노력을 했는지 인정해 달라는 뻔뻔스러운 주장을 펴기도 합니다. 하지만 여전히 그들의 말과 현실은 큰 차이를 보이고 있습니다.

2007년 3월 EU 영수회담에서 프랑스, 독일, 영국 등의 정치 지도자들은 자신들이 취해온 녹색정책에 대해 자화자찬을 했지만, 정작 어떻게 그 정책을 실현할 것인지 그 구체적 내용은 눈을 씻고 찾아봐도 찾을 수 없었습니다.

이들 나라 대부분은 사실 1990년 배출했던 수준 이하로 온실가스 배출을 줄이기로 한 교토의정서의 의무감축량을 실현할 가망이 거의 없습니다. 캐나다도 교토의정서 서명국이지만, 오히려 미국보다 더 빨리 배출량이 늘고 있는 실정을 감안하면 배출목표를 달성하는 것은 요원한 일이기만 합니다.

그런데 여기서 당신이 알아야 할 것이 있습니다. 만약 유럽의 지도자들이 기존에 약속한 감축안을 실천한다고 하더라도, 그것은 과학자들이 지구 온난화를 늦추는 데 필요하다고 말하는 수준에 훨씬 못 미친다는 것입니다.

이 문제는 선거 때마다 일상적으로 내놓는 정책을 넘어서는 것입니다. 근본적으로 보자면, 이것은 개인이 책임져야 할 문제라고 할 수 있습니다. 당신은 이미 앞에서 인간으로 인해 발생한 기후변화가 우리 삶의 터전인 지구와 거기서 살아가는 수많은 생명체들에게 어떠한 영향을 미치는지 살펴보았습니다.

이제 당신은 에너지를 많이 쓰는 과소비형 생활양식이 지금 겪고 있는 환경위기의 직접적 원인이고, 당신 스스로 바꾸지 않으면 게다가 국회의원들에게 법을 바꾸라고 압력을 넣지 않으면 진정한 변화는 일어나지 않는다는 엄중하고도 단순한 사실을 알아야 합니다. 누군가는 해야 할 일, 그것도 바로 당신이 해야 할 일인 것입니다.

02_ 두 번째: 현재의 지속가능발전 모델은 지속 가능하지 않습니다

"왜 좀 더 기후 친화적인 생활양식을 채택해지 않습니까?"라고 물어보면, 대부분의 사람들은 이미 할 만큼 다 하고 있다고 말합니다. 이런 잘못된 인식이 만들어진 데는 정치적·사회적 지도층의 책임도 있습니다.

많은 정치인들은 '지속 가능한 발전'을 지지한다고 말합니다. 1987년 부룬틀랜드 보고서에서 이 개념은 '미래 세대의 필요를 충족할 가능성을 제약하지 않으면서 현재 세대의 필요를 충족하는 발전'이라고 정의되고 있습니다. 그리고 이는 정작 다음 세 가지 요소를 포함하고 있습니다.

1. **경제, 환경 그리고 형평을 하나의 포괄적인 의사결정 과정에 연결시키는 것**
2. **장기적 변화와 세대간 평등에 미치는 영향을 강조하는 것**
3. **자연자원의 희소성과 생태계 수용능력의 한계를 인식하는 것**

그러나 산업화된 세계에서 그런 식의 지속 가능한 발전은 애당초 없다는 것이 문제입니다. 어느 나라건 모두 재생 불가능한 화석연료에 크게 의존하고 있기 때문이지요. 이런 화석연료에 대한 의존을 가장 쉽게 떨쳐버릴 것 같은 나라가 바로 아이슬란드입니다.

수십 년 전 이 작은 섬나라는 지열 에너지를 개발한다는 전략적 결정을 했습니다. 다른 나라와 지질환경이 달라 지열 에너지를 잘 활용할 수 있는 독특한 위치에 있었기 때문입니다. 이 나라는 현재 난방과 전력 수요의 많은 부분을 지열 에너지로 해결하고 있습니다. 그와 더불어 풍력과 조력발전 기술도 추진하고 있습니다.

그럼에도 불구하고 아이슬란드는 아직도 에너지 수요의 70% 가량을 수입해야 경제성장을 유지할 수가 있습니다. 아이슬란드는 지속가능한 발전이라는 꿈과 현실 사이에 존재하는 커다란 차이를 극명하게 보여주는 대표적인 경우입니다.

이처럼 지속가능발전은 현실적으로 달성하기 어렵습니다. 따라서 오해를 불러일으킬 소지가 있으므로 현재 우리가 살고 있는 세상에서는 차라리 이 말을 쓰지 않는 편이 더 나을 것 같습니다.

03_ 세 번째: 지구 온난화, 우리 집 뒤뜰에서 일어나고 있습니다

많은 사람들은 인간으로 인해 발생한 기후변화에 대해 추상적으로만 걱정을 합니다. 우리는 대체로 기후위기를 당장의 개인적 위험으로 보지 않고 있습니다. 우리는 다른 지역에서 일어난 홍수, 이상기후, 사막화에 대해 이야기를 듣곤 하지만, 이것을 어디까지나 남의 일로 여길 뿐입니다.

하지만 지구의 대기는 바로 우리 뒤뜰에 있습니다. 대기에는 경계가 없다는 것을 감안한다면, 기후변화는 당장 우리 뒤뜰에서부터 일어나고 있는 셈입니다. 이런 기후변화를 몸소 경험할 수 있는 것 중 하나가 바로 범지구적인 기온의 상승입니다. 특히 위도가 높은 북반구에서 기온은 더 많이 상승하고 있습니다.

지난 수년간 우리 가족은 여러 군데를 옮겨 다녔습니다. 제 부인 캐시는 중국의 상하이 출신이고, 저는 조지아 주에서 태어나 유타 주에서 자라 아이오와 주에서 대학을 다녔습니다. 거기서 캘리포니아 주로 이사를 갔다가 대만으로 가서 2년을 살았지요. 캐시와 나는 둘 다 석사 학위를 마친 하와이에서 만났는데, 제가 박사 과정을 마치러 시카고 지역으로 가자 그녀도 그곳으로 옮겨 왔습니다.

그리고 우리의 자랑거리이자 귀염둥이인 딸 켈라를 일리노이 주의 에반스톤에서 낳았습니다. 이어서 일본에서 처음으로 전일제 교수 자리를 얻게 되어 거기서 3년여를 살았습니다. 저는 미국 50개 주를 모두 가보았고 35개 이상의 나라를 돌아다녀 보았습니다. 그런데 각각의 도시와 나라의 뒤뜰은 각기 완전히 다르게 보이지만, 하나의 공통점이 있었습니다. 기후변화가 바로 그것입니다.

현재 저희 가족은 워싱턴 주의 머서 아일랜드에 살고 있습니다. 맑은 여름날이면 사람들은 베란다에 앉아 워싱턴 호수의 파란 물과 레이니어 산과 캐스케이드 산맥을 바라보곤 합니다. 태평양 북서부는 정말 아름다워 숨이 막힐 지경입니다. 그리고 표면상으로는 모든 게 그럴싸해 보입니다. 그러나 사실은 그렇지 않습니다.

지난 수년간 극심하게 변덕스런 기후로 인해 워싱턴 주민들의 삶은 파괴되고 있습니다. 2006년 초 주의 수도인 올림피아 시는 35일 연속으로 비가 내려 태평양 북서부 지역의 기록을 갈아 치웠습니다. 하지만 이것은 서막에 불과했습니다.

같은 해 시애틀에서 가장 가까운 캐스케이드 산맥의 서밋 앳 스노칼미 스키장은 근래 가장 긴 스키철을 즐길 수 있었습니다. 2006년 3월 15일 무려 300cm의 눈이 스키장 주변에 내렸기 때문이었습니다. 그 많은 눈에 스키어들뿐 아니라 농부들도 즐거워했습니다. 그 지역에서는 눈 녹은 물에 의존해 건조한 여름을 나야 했기 때문입니다.

그러나 2005년의 스키철은 전혀 딴판이었습니다. 2005년 3월 15일에는 눈이 한 송이도 내리지 않았기 때문입니다. 수분이 부족한 것이 아니라 눈이 올 정도로 날씨가 춥지 않았던 것이 문제였습니다. 그해의 스키철은 완전 꽝이었지요. 수백 명의 종업원이 해고되었고, 음식점과 호텔도 살아남기 위해 안간힘을 써야 했습니다.

그렇다면 농부들과 겨울철 눈에 의존하던 용수의 공급은 어떻게 되었을까요? 2006년 봄과 여름에 물이 배급제로 공급되어 곡물생산량이 엄청나게 줄면서 수백만 달러의 손실을 입어야만 했습니다. 게다가 그해에는 기록적인 최악의 화재까지 발생해 전국적으로 344만 ha의 삼림이 연기로 사라지기까지 했습니다.

어떤 기상예보관은 고작 2년 정도의 기록만 가지고 그렇게 단정적으로 결론을 내려서는 안 된다고 말할 지도 모릅니다. 그러나 과학자들은 수백 년 전 기록에 근거해 태평양 북서부의 기후패턴을 잘 알고 있습니다. 2005년과 2006년의 변덕스런 기후는 기온이 상승하면서 앞으로 예견되는 상황을 나타내는 징표입니다. 강수량이 많고 따뜻한 겨울에 이어 덥고 건조한 여름이 나타나는 극심한 이상기후의 반복 말입니다.

만일 과학자들이 예견한 대로 기온이 상승한다면, 향후 수십 년 내에 워싱턴 주의 캐스케이드 산맥에서는 더 이상 스키를 즐길 수 없을 지도 모릅니다.

04_ 네 번째: 개도국의 기후변화 고통을 덜어줘야 합니다

기후가 변하고 세상이 점점 살기 어려워지면서 기후변화의 영향을 받는 모든 생물에게는 세 가지 선택만이 남았습니다. 그것은 바로 적응을 하던가, 옮겨 살거나 고통을 감수하던가, 아니면 죽는 것입니다. 어떤 종은 더 좋은 지역을 찾아 옮겨갈 수 있겠지만, 어떤 종은 그러지 못하겠지요.

인간은 어려움에 직면하면 적응하거나 옮겨서 살아갈 수 있는 능력이 있다고 이미 오랫동안 입증되어 왔습니다. 그러나 시간이 흐르면서 우리는 자신의 주변에 너무나 많은 사회적·경제적·정치적 담장을 만들었고 자연의 사촌들[3] 중 운 좋은 몇몇 종만이 이주나 적응을 할 수 있는 환경을 조성했습니다.

제 부인 캐시는 결혼 후, 우리가 몇 번이나 이사를 다녔는지 자주 상기시키곤 합니다. 우리가 그렇게 쉽게 이사를 다닐 수 있었던 것은 부분적으로는 운이 좋았기 때문입니다. 우리는 거주 이전의 자유와 국경을 넘나들 수 있는 여권을 부여한 나라의 국민이어서 상대적으로 쉽게

---

3. 자연계의 생물종을 지칭

다른 나라로 여행을 하거나 거기서 살아갈 수 있었습니다. 유럽, 일본, 호주 등 몇몇 부유한 나라의 국민은 모두 같은 입장이겠지요.

그러나 세계 인구의 80%가 넘는 다른 나라의 국민은 어떨까요? 그들에게는 다른 규정이 적용됩니다. 콩고, 수단, 과테말라의 국민들은 자신이 원하는 곳으로 여행을 하기가 쉽지 않습니다. 수많은 정치적·경제적·사회적·문화적 장벽이 그들을 가로막고 있기 때문입니다.

가령, 중국의 젊은 대학원생의 경우에는 미국에서 공부하기 위해 비자를 받는 게 얼마나 어려운지 잘 알고 있을 것입니다. 또한 이민에 대한 규정도 날이 갈수록 까다로워지고 있습니다. 최근 반이민법에 찬성한 정치인들이 선거에서 괄목할 만한 약진을 한 북유럽의 일부 국가에서 이런 경향은 특히 두드러지게 나타나고 있습니다. 아울러 프랑스 이민자들의 폭동이나 영국에서 일어나고 있는 테러리스트들의 공격 등도 이민에 대한 반감을 부추기고 있습니다.

그렇다면 인간의 이주에 대한 이런 논의가 지구 온난화와 무슨 관련이 있을까요? 최근 몇 년 사이에 수억 명의 사람들이 사하라, 칼라하리, 고비 사막 등을 둘러싼 나라들과 저지대 삼각주 지역에서 사막화, 홍수, 기타의 환경문제 등과 같은 환경적 재앙으로 삶의 터전을 잃었습니다.

갠지스 강 삼각주는 지구상에서 가장 인구밀도가 높은 지역 중 하나입니다. 캘커타, 서벵골 주, 남부 방글라데시 등은 특히 홍수에 취약합니다. 게다가 인도의 인구는 이미 10억 명을 넘어 2050년이 되면, 16억 명으로 늘어날 예정입니다. 그렇다면 해수면이 올라가고 심각한 환경적 재앙이 늘어나면, 여기서 살 터전을 잃은 사람들은 도대체 어디로 가야 할까요?

제 처가가 있는 상하이는 홍수에 취약한 양쯔 강의 삼각주 주변에 자리하고 있습니다. 저는 머서 아일랜드의 평온함을 좋아하지만, 제 아내는 상하이를 미치도록 좋아합니다. 그녀는 대도시 생활을 좋아합니다. 상하이는 아주 큰 항구로서 특히 해산물이 유명합니다. 거기에 갈 때마다 제 딸은 도시의 구석구석까지 끝없이 이어진 식당의 유혹을 뿌리치지 못합니다.

그런데 불행히도 여느 대도시와 마찬가지로 이 도시의 생명력도 석탄 에너지에 의존하고 있습니다. 자동차와 더불어 톡톡 튀는 여러 유형의 소비재들이 확산되고 있으며, 석탄 에너지의 사용으로 인해 도시 스스로가 파멸의 씨앗을 품고 있는 상황입니다.

또한 해수면 상승의 희생자 명단에는 주로 남태평양의 작은 섬나라들이 올라와 있습니다. 여기에 위치한 투발루의 주민들은 기후변화의 영향을 이미 체감하고 있습니다. 이 작은 나라에서 가장 높은 곳은 해발 3m에 불과합니다. 호주와 뉴질랜드는 이곳의 해수면이 올라가고 육지가 줄어들자 투발루의 이주민을 받아들이기 시작했습니다. 이 조그만 나라는 금세기 내에 아마 사라질 것입니다.

이처럼 전 국토가 바다에 잠긴다는 가정을 한 번 해보세요. 만약 당신의 가족이 그런 입장이라면 어떤 느낌이 들까요? 그리고 어떻게 해야 할까요?

05_ 다섯 번째: 과거의 잘못은 고쳐야 합니다

인간으로 인한 기후변화가 가져온 고통을 이야기하자면, 미국과 다른 선진국들이 역사적으로 무거운 책임을 지고 있다는 것을 이야기하지 않을 수 없습니다. 1850년부터 2000년까지 미국은 세계 온실가스 누적 배출량의 약 30%를 차지하고 있습니다.

같은 기간 미국의 인구가 세계 인구의 2~4%에 불과했던 점을 감안하면, 엄청난 양을 배출한 것입니다. 실제 배출량도 놀랍습니다. 1850년에서 2000년 사이에 1인당 무려 283톤이나 됩니다. 게다가 영국, 독일 등 다른 선진국의 1인당 배출량도 그에 뒤지지 않습니다.

하지만 선진국에 살고 있는 사람들 중에 이런 유산을 물려받았다는 것을 알고 있는 사람은 그리 많지 않습니다. 이런 역사적 책임에 대해 이야기하면 맨 처음 던지는 질문이 "지난 세대가 저지른 행동에 대해 왜 우리가 대가를 치러야 합니까?"라는 말입니다.

그런데 그들이 가진 현재의 생활수준은 선조들의 노력에 근거하고 있습니다. 그들은 부유한 나라에 태어난 것만으로도 후진국에서는 향유할 수 없는 사회 · 경제적 혜택을 누리고 있습니다. 그리고 교육과 의료적 혜택, 물질적 풍요를 당연한 것으로 여기고 있습니다.

그러나 멕시코시티의 판자촌이나 시골에서 인디언의 가난함을 목도한 사람이라면, 그 차이가 너무나 뚜렷하게 보일 것입니다. 경제적으로 궁핍하고 환경적으로 피폐해진 세상을 사는 후진국 사람들이 다음과 같은 삼중의 문제를 안고 있다는 것을 말입니다.

첫째, 후진국은 사회 · 경제적 환경을 개선하고 싶어 하지만, 당신의 부모와 당신 자신의 풍요를 가져온 화석연료 중심의 경제발전 모델을 선택하기가 점점 더 어려워지고 있다는 것입니다. 둘째, 대부분 후진국은 사막화, 이상기후, 해수면 상승 등과 같이 기후와 관련된 문제에 대응할 수 있는 적절한 땅이나 물적 자원이 부족합니다. 그리고 셋째, 그들은 화석연료에 의존한 발전이 가져온 파괴적 결과를 피할 수 있는 대체 에너지에 투자할 자원과 기술이 없다는 것입니다.

그리고 이러한 역사적 책임에 대한 논란은 교토의정서의 실행과 관련하여 의무감축량을 정하는 선·후진국 간 협상에서 주도적 역할을 하였습니다. 후진국은 OECD 국가들이 화석연료에 기반한 경제발전 모델을 대체할 방안을 제시하지 않으면, 후진국에게 구속력 있는 감축의무를 강요할 권리가 없다고 주장합니다. 온실가스를 많이 배출한 OECD 국가와 국민들은 기후변화로 인한 후진국의 고통을 완화시킬 책임을 져야 한다는 것이죠.

중국, 인도 등 개발도상국들은 선진국이 자신들이 먼저 온실가스를 줄이고, 후진국이 경제적 성장을 이루면서 온실가스를 줄일 수 있도록 물질적·경제적·기술적 지원을 하지 않는다면, 자신들에게 구속력 있는 감축의무를 지우는 것을 받아들일 수 없다고 천명하였습니다.

06_ 여섯 번째: 더 좋은 지구 지킴이가 되어야 합니다

기후변화의 위기 뒤에 보이는 한 가닥 희망은 이전에는 이념적으로 소원했던 집단들이 하나로 뭉치고 있다는 것입니다. 예를 들면, 미국에서는 환경운동가들과 복음주의 기독교도들은 낙태, 동성결혼, 진화론 등과 같은 여러 가지 사회적 이슈들에서 오랫동안 대립을 해 왔습니다.

그러나 최근에는 여러 정치적 집단들이 모두 지구를 구하기 위해 애쓰고 있습니다. 오늘날 기후변화에 대한 논의에 있어 전통적인 좌우의 대립은 점차 그 빛을 잃어가고 있습니다. 좌파 성향의 환경주의자들은 대기를 안정시키려면 사회의 모든 구성원으로부터 협력을 받아야 한다는 사실을 인식하고 있습니다.

또한 복음주의 기독교도들도 그들 나름대로 환경윤리를 재발견하려는 운동을 중요시하기 시작했습니다. 그들이 말하는 '피조물 보호creation care'라는 용어와 기독교와 유대교의 경전에 씌어 있는 '청지기론', 즉 환경과 인간은 신의 피조물이고 신은 자신을 믿고 따르는 사람들이 청지기로서 이 지구를 잘 보살피기를 바라고 있다는 것이 다시 강조되고 있는 것입니다.

이 논쟁에서 최대의 논점은 〈창세기〉에 대한 유대교와 기독교 간의 해석 차이에 있습니다. 신은 자신의 피조물을 유지하고 사용할 때, 인간이 과연 어떤 역할을 하기를 원할까요?

어떤 학자들은 신이 인간에게 자기 맘대로 자연을 이용할 수 있는 권한을 부여했다고 결론짓고 있습니다. 특히 〈창세기〉 1장 26절의 한 구절이 이런 주장을 뒷받침하고 있다고 해석합니다. "하나님이 이르시되 우리의 형상을 따라 우리의 모양대로 우리가 사람을 만들고 그들로 바다의 물고기와 하늘의 새와 가축과 온 땅과 땅에 기는 모든 것을 다스리게 하자 하시고……" 라고 쓰여 있다는 것이지요. 그들은 이 구절과 기독교 경전의 다른 내용을 가지고 자연은 존중의 대상이라기보다는 지배당하고 정복되어야 할 대상이라는 믿음을 가지고 있습니다.

그러나 〈창세기〉 2장 15절에는 "여호와 하나님이 그 사람을 이끌어 에덴동산에 두사 그것을 다스리며 지키게 하시고to till and keep it……"라고 씌어 있습니다. '다스리다till'의 원래 유태어는 일하는 행위와 봉사하는 행위를 지칭합니다.

그렇다면 이는 누구를 위한 봉사일까요? 바로 창조자에 대한 봉사입니다. 유대인이나 기독교인들에게 신이 인간을 창조한 것은 의문의 여지가 없습니다. 또 신이 창조한 피조물이 '선하다'는 것 또한 중언부언을 할 일이 아닙니다.

하지만 성경의 이런저런 구절을 자세히 살펴보면, 인간은 신의 계획 속에 뭔가 특별한 역할을 가지고 있으나 피조물의 주인은 인간이 아니라 바로 신이라는 사실이 명확해집니다. 그리고 이를 종합해 보면, 창조자로서 하느님과 이용자가 아닌 청지기로서 인간이라는 이미지가 더욱 두드러져 보입니다.

청지기에 대한 관심은 유대교나 기독교 집단에만 국한되지 않습니다. 환경보호를 지지하는 내면의 도덕적 명령에 관한 논의를 통해 다른 종교 집단들, 즉 불교, 힌두교, 이슬람교 등과도 전반적인 협력이 이루어지고 있습니다.

그리고 쿠스미토 페터슨은 이런 종교 간에 이루어진 대화에 핵심적인 결론을 내려 주는데, 그중에서도 특히 다음 사항들에 대해서는 모든 종교가 의견의 일치를 보이고 있습니다.

1. 인간 이외의 존재도 신이나 우주 질서의 눈으로 보면 도덕적으로 중요합니다.

2. 인간과 인간 아닌 존재의 참살이(well-being)는 불가분으로 연결되어 있습니다.

3. 탐욕과 파괴는 비난받아야 합니다. 자제와 보호는 권장되어야 합니다.

4. 정의, 연민, 상생 같은 도덕적 규범은 인간이나 인간 아닌 존재에게 모두 적절한 방식으로 적용되어야 합니다.

07_ 일곱 번째: '풍요병'은 물리쳐야 합니다

현재 발생하고 있는 환경의 위기는 사실 무절제한 물질주의에 뿌리를 두고 있습니다. 과소비가 모든 산업화된 나라를 휩쓸고 있을 때, 미국은 특히 이를 고급예술로 만들어 놓았습니다.

제임스 트위첼은 《유혹 속으로; 미국 물질주의의 승리》에서 2차 세계대전 이후 무서운 전염병인 '풍요병'의 창궐에 대해 기록했습니다. 그는 과소비로 인해 수없이 생겨난 모순된 문화적 태도에 주목합니다.

미국인들은 한편으로는 청교도적인 교리의 단순함과 구조, 그리고 보존을 신봉합니다. 그러나 트위첼은 지적합니다. 역설적이게도, 미국의 문화는 "다른 어떤 문화권보다 쉽게 '뭐가 문제야! 그냥 청구하세요!'라고 말합니다. 국민 1인당 부채가 가장 많고 기계로 만든 공산품이 가장 넘쳐나고 있음에도 불구하고 절약하라는 청교도적 원칙

을 가장 소리 높여 부르짖고 있습니다…(중략)…월든 호수4로 가면서
SUV 차량에 접시 안테나, 핸드폰, 제빵기, 재떨이, 패들볼 등 온갖 것
을 다 챙기는 현실입니다"라고 말입니다.

  미국인들은 2차 세계대전 이후 성장의 열풍 속에서 물질적 습관이
가져오는 환경적 결과는 거의 고려하지 않았습니다. 과소비를 가능
하게 만든 놀라운 화학물질이 자신을 죽이고 있다는 사실이 분명해
지기 전까지는 말입니다. 레이첼 카슨은 1967년 그의 저서《침묵의
봄》에서 바로 이것에 대해 통렬하게 경고를 했습니다.

**미국에 모든 생명이 주변 환경과 조화롭게 살아갈 것처럼 보이는 도시가
있었습니다. 그 도시는 잘 나가는 농장의 한가운데 있었지요. 농장엔 논밭과
언덕의 과수원이 있어 봄이면 하얀 꽃들이 들판을 뒤덮곤 했지요. … 그런데
이상한 병충해가 들어와 모든 것이 변하기 시작했습니다. 어떤 사악한 마법
이 그 마을에 자리를 잡았습니다. 알 수 없는 질병이 온 동네 닭을 휩쓸고 가
축과 양들이 병들고 죽었습니다. 죽음의 그림자가 도처에 드리워졌습니다.
… 이상한 고요만이 있을 뿐입니다. 무시무시한 도깨비가 눈치채지 못하게
우리를 덮친 겁니다.**

  카슨의 이 통렬한 문장은 살충제, 화학비료 등 근대 농업을 이루게
한 경이로운 발명품들이 취약한 생태계에 미친 파괴적 결과를 기록
하고 있습니다. 그의 예언자적 메시지는 온실가스 배출에도 해당됩

---

4. 미국 메사추세츠 주 북동부의 콩코드 부근에 있는 호수. 1845~1847년에 이 호반에서 소로우(Thoreau,
   Henry David)가 생활하며, 그의 작품인《숲의 생활》의 무대가 되었음.

니다. 지구 온난화 또한 침묵의 살인자이기 때문입니다.

사실 우리가 사서 쓰는 모든 것―음식, 장난감, 먹는 물, 자동차, 아이스크림 등―은 생산하고 수송하고 보관하는 데 있어 화석연료를 사용합니다. 지름신[5]에게는 무해한 것처럼 보일지 모르나 새로 뭔가를 사면 기후위기는 점점 더 악화됩니다.

08_ 여덟 번째: 공유자원을 지켜야 합니다

온실가스를 축적하는 데 기여하는 또 하나의 원인을 들자면, 정부 당국자나 민간시장에서 생산, 유통, 영업, 폐기물 처분 등이 가져오는 사회적·경제적 결과를 재화나 용역의 가격에 제대로 반영하지 않고 빈번히 저평가한다는 것입니다.

대부분의 국가는 온실가스 배출에 대한 규제가 느슨하거나 아에 없는 경우가 많아 생산자나 소비자가 온실가스를 마구 대기 중으로 내뿜더라도 그에 대한 제재가 미미하거나 전혀 없는 것이 현실입니다. 이것이 바로 가렛 하딘 같은 사상가가 '공유자원의 비극'이라고 칭한 것입니다.

사적 재산과 달리 대기는 공공 자원입니다. 누구나 사용할 수는 있지만 사용을 제한하는 억제책이 없으면, 개인이나 기업은 자연스럽게 과다하게 사용하려는 유혹을 갖게 되고 마침내 그 누구도 사용할 수 없는 지경까지 오염시키게 마련인 것입니다.

---

5. 소비를 부채질하는 권능을 가진 신

풍요병과 공유자원의 비극은 과소비의 개인적 의미에 관심을 갖고 있는 사람에게는 매우 중요합니다. 도덕적 행위자로서 당신은 시장이나 정부가 월마트에서 물건을 사거나 버뮤다로 가족여행을 가는 진짜 비용을 가격에 반영할 때까지 기다려서는 안 됩니다.

당신은 대기를 사용하는 것이 결코 공짜일 수 없음을 인정해야 합니다. 당신은 대기를 지속 가능한 방식으로 사용할 책임이 있습니다. 만약 당신이 온실가스를 배출해야 하는데 정부나 시장이 그에 대해 추가적인 비용을 요구하지 않는다면, 자발적으로 당신은 돈이나 시간 같은 형태로 그 행위에 대한 대가를 사회에 환원해야 합니다.

예를 들면, 뉴욕에서 런던까지 업무상 출장을 가야한다면, 그에 상응하는 양의 탄소감축권을 구매하시면 됩니다. 이것은 일정한 양의 온실가스를 줄이도록 다른 사람에게 지불하는 금액으로, 풍력이나 태양광 발전과 같은 온실가스 감축을 겨냥한 프로젝트에 투자자금으로 사용됩니다.

09_ 아홉 번째: 돈을 아낄 수 있습니다

기후 다이어트를 하면, 당신은 확실히 많은 돈을 아낄 수 있습니다. 당장일 수도 있고 시간이 걸릴 수도 있겠지만, 분명한 것은 돈을 아낄 수 있다는 것입니다.

돈이 별로 없는 대학교수인 제 개인적 경험을 말씀드리죠. 제 동료교수는 픽업트럭의 연료통을 채우는 데만 70달러 이상 들어간다고 툴툴대고 있습니다. 일본이나 프랑스에 사시는 분들은 무척 싸다고 여기겠지만, 미국 사람들은 아직도 값싼 에너지를 쓰던 시절을 그리워하며 휘발유 가격이 높다고 불평을 합니다. 혼다 시빅을 타면 같은 거리를 가는 데 SUV의 1/3 가격이면 되는데 말입니다.

기후 다이어트를 지지하는 철학은 세 단어로 요약됩니다. 첫째도 보존, 둘째도 보존, 셋째도 보존입니다. 3장에서 7장까지 돈도 아끼고 대기를 살리는 수많은 저비용 고효율 생활양식의 변화를 열거하고 있으니 제 권유를 따르면, 당신은 150만 원 가량의 에너지 비용을 줄일 수 있습니다. 만약 당신이 유럽이나 호주 혹은 일본에 산다면, 아마 더 많이 줄일 수 있겠지요.

10_ 열 번째: 자연을 위하여 자연을 지켜야 합니다

지구를 보호하자는 우리의 바람 뒤에는 수많은 동기가 있습니다. 어떤 사람은 윗분을 달래려고 하고 어떤 사람들은 스스로를 위해 합니다. 근대 환경주의의 기초에는 '인간중심'이라는 논쟁거리가 자리하고 있습니다.

그러나 많은 생태주의 사상가들은 인간에게 자연이 사용하고 즐길 필요가 있다는 것 이상으로 자연은 그 본래의 가치를 가지고 있다고 믿습니다. 달리 표현하면, 생태주의 사상가들은 도덕적 행위자이자 이 작은 행성의 공동 서식자인 자연을 위해 우리가 그것을 보호해야 한다고 믿고 있는 것입니다.

1949년 자연주의자인 알도 레오폴드는《모래 군의 열두 달》이라는 얇은 책을 저술하였습니다. 그는 20세기 초 환경보존론자들이 표명한 개념, 즉 자연의 일차적 목적은 인간의 아름다운 생활과 물질적 필요를 위해 봉사하는 것이라는 개념을 부정하였습니다. 오히려 그는 호모 사피엔스가 이 지구상에 서식하는 수백만 종의 생물 중에서 그저 하나의 종에 불과하며, 생물계와 조화롭게 살아가는 것이 인간에게도 이익이고 또 도덕적으로도 합당하다고 믿었습니다.

그의 환경윤리는 간단합니다. "어떤 것이든 생물 공동체의 통합, 안정 그리고 아름다움을 보존하려고 할 때는 올바른 것이고 그렇지 않으면 틀린 것입니다"라고 그는 말했습니다. 이어서 그는 "모든 윤리는 하나의 전제 하에 진화해 왔습니다. 즉, 개인은 상호의존적인 부분으로 이루어진 공동체의 구성원이라는 것입니다. 개인의 본능은 공동체에서 자기 자리를 차지하기 위해 경쟁하라고 부추기지만, 윤리는 서로 협조하라고 부추깁니다. 토지윤리란 공동체의 영역을 확대하여 흙, 물, 식물, 동물 또는 그것들을 집합적으로 '토지'에 포함시킨 것입니다"라고 적고 있습니다.

생태주의자들에게 그의 토지윤리는 깊은 공감을 이끌어 냈습니다. 그들은 작금의 기후위기를 불러온 또 다른 원인으로 지구 생물계의 폭, 복잡함, 상호연관성을 인간이 인정하지 않으려는 데 있다고 주장합니다.

인간이 생물계를 지배하려는 최근의 시도는 영겁의 세월을 거쳐온 우리의 어머니인 지구의 역사에서 보자면 찰나에 불과합니다. 시간이 흐르면서 무수한 생물종이 나타나고 사라지고 했던 것을 기억한다면 말입니다.

진화의 잔인한 진리 중 하나는 바로 어떤 생물종이 번창하고 개체 수를 늘리게 해주는 여건 그 자체가, 곧 그들을 멸망시키는 씨앗이 된다는 사실입니다. 인류는 자신이 가진 지능과 자유를 선택하는 능력 때문에 그동안 지구 곳곳으로 그 영향력을 확대할 수 있었습니다. 하지만 인류로 하여금 주도권을 갖게 한 바로 그 특성이 지구를 덮고 있는 대기층을 변화시켜 자신의 생존을 위해 필요한 생태 공동체를 위기로 몰아가고 있습니다.

우리가 과학이나 하느님, 어머니인 자연 중에서 어느 하나를 믿건 아니건 혹은 모두 다 믿건, 어느 누구도 우리가 살고 있는 이 조그만 별이 아름답다는 사실을 부인할 수는 없을 것입니다. 소나무와 전나무의 빽빽한 침엽수림이 아직도 캐스케이드 산맥과 서부의 록키 산맥을 뒤덮고 있습니다. 이 울창한 숲 속을 걷는 일보다 더 편안한 일은 없습니다.

고사리가 땅에 깔려 있고 녹색, 황색, 그리고 오렌지색의 이끼류는 나무와 바위를 감싸고 있습니다. 거미는 덤불 속에서 은백색 실타래를 짜고 있고 쓰러진 나무들은 유모처럼 숲에 새 생명을 불어넣고 있습니다. 솔잎과 천년 묵은 뿌리는 발밑에서 사각대고 바람에 살랑대는 나무들의 장엄한 소리는 항상 그대로입니다. 더글라스 다람쥐[6]는 열심히 일하면서 즐겁게 "짹짹" 거리고 있네요.

이 웅장한 집의 바닥은 그림자와 어둠으로 가득합니다. 그러나 위를 쳐다보면 완전히 새로운 세상이 기다리고 있습니다. 가느다란 첨

---

6. 미국 서부지방 소나무에 사는 다람쥐로 학명은 Tamiasciurus douglasii이다.

탑이 하늘에 닿아 있습니다. 완전히 다른 생태계가 이 높은 곳을 지배하고 있습니다. 이처럼 피조물은 정말이지 끝없이 즐거움을 제공합니다.

당신은 각자 자신의 영혼의 울림을 느꼈던 장소를 하나쯤은 가지고 있을 것입니다. 어떤 이는 사막을 보고 가슴이 쿵쾅거리기도 하고, 또 어떤 이는 스코틀랜드 호수 위를 덮은 거무스름한 안개를 보고 매료되기도 합니다.

이렇게 자연이 당신에게 베풀어 줄 수 있는 진정한 힘의 원천은 여러 생물종으로 이루어져 있는 자연의 복잡성과 그 본연의 가치에 있습니다. 당신이 스스로의 행동을 통해 자신을 둘러싸고 있는 세계의 가치를 알아주지 못한다면, 어떻게 당신의 아이들이 그 가치를 알아볼 수 있을까요? 지금 당신이 즐기는 자연과 당신의 아이들이 직접 관계를 가질 수 있는 기회를 가지면 안 되는 것일까요?

자, 이제 왜 기후 다이어트를 해야 하는지 그 이유를 아셨죠? 거기서 당신이 원하는 이유를 최소한 하나만 고르세요. 인류의 어머니인 지구는 당신이 어떤 이유로 탄소발자국을 줄이려 하는지는 따지지 않습니다. 환경을 위기로 몰아넣은 근원이 과연 무엇인지 논쟁을 한다고 해서 이 문제가 풀리는 것도 아닙니다. 중요한 것은 오직 행동입니다.

자, 그럼 이제 3장으로 가실까요? 이제 기후 다이어트를 본격적으로 시작해 볼 차례입니다!

금메달을 향하여: 기후 다이어트를 위한 핵심 요점

01 에너지와 이산화탄소: 기본 지식
02 사탕 대 당근: 탄소 칼로리 계산
03 구역별 성공전략
04 지구 온난화를 막는 세 가지 과정
05 선택은 이제 당신의 몫이다

앞장을 통해 당신은 기후변화가 정말로 현실적인 위협이 되다는 것을 알게 되었을 것입니다. 그리고 미래의 이런 위협에 어떻게 대응할 것인지 전략을 찾아봐야 한다는 생각을 갖게 되었을 것입니다. 이제부터가 본론입니다. 간절히 원한다면, 이제부터는 구체적인 행동으로 바꿔야 합니다.

3장부터 8장까지는 어떻게 목표를 정하고 거의 모든 생활양식에 안성맞춤으로 꼭 맞는 효과적인 기후 다이어트를 어떻게 실천할 것인지 구체적인 지침을 제공하고 있습니다.

이 장은 세 개의 부분으로 구분됩니다. 제일 먼저, 온실가스가 어떻게 발생하고 어떻게 측정되는지 그리고 당신의 행동이 어떻게 대기에 영향을 미치는지 공부하게 될 것입니다. 당신이 생각하는 것보다 훨씬 쉬우니 걱정하지 마세요.

두 번째로는 '구역별 성공전략'을 소개합니다. 이것은 집에 있을 때는 방에 따라서, 물건을 사거나 외식을 하거나 외출을 할 때는 당신의 생활양식이 기후에 미치는 영향을 규정하고 평가하는 데 이용할 수 있는 전략을 의미합니다.

세 번째로는 기후 다이어트의 성공을 가져오는 세 가지 코스를 제시합니다. 속성반, 단과반, 그리고 종합반이 그것입니다.

01_ 에너지와 이산화탄소: 기본 지식

사실 저는 신혼 때보다 약 9kg 가량 살이 쪘습니다. 만약 제가 이 군살들을 빼려면 어떤 음식과 활동을 멀리 해야 하는지 우선 알아야 되겠지요. 이처럼 만약 당신이 기후변화에 미치는 영향을 줄일 전략을 진심으로 세우고 싶다면, 전등을 갈아 끼는 일과 같은 특정한 행위가 '이산화탄소'의 무게에 어떤 영향을 미치는지 알아야 합니다. 즉, 에너지 사용에 따라 '칼로리'를 계산하는 방법을 알아야 하겠지요. 바로 이것이 기후 다이어트 시작입니다.

다들 알다시피 칼로리는 에너지 단위의 하나입니다. 음식물의 칼로리는 여러 형태이고 어디서 생기냐에 따라 당신의 몸에 미치는 영향이 다릅니다. 영양분석표를 보면 음식물의 칼로리가 어디서 생기는가를 알 수 있지요. 지방인지 탄수화물인지 아니면 단백질인지 말입니다.

자연과학에서는 에너지를 표현하는 여러 단위들이 있습니다. 전력의 경우는 보통 와트W를 사용하고 1시간에 1,000W를 사용하면 1kWh라고 표현합니다. 천연가스나 석유를 태워서 나오는 에너지는 Btu영국의 열단위, British thermal units[1]를 사용하고 100,000Btu를 1섬therm이라고 합니다. 1Btu는 1파운드 무게의 물을 1℉ 데우는 데 필요한 열량을 의미합니다.

그리고 이들 모두는 에너지 단위이기 때문에 서로 변환이 가능합니다. 예를 들면, 당신의 몸이 하루 사용하는 에너지를 와트나 Btu로도 표현할 수 있다는 의미입니다.

---

1. 미터법으로는 1.054~1.060kJ(킬로줄)에 해당된다.

그런데 당신이 매일 사용하는 전기는 재생 가능한 자원과 재생 불가능한 자원으로부터 발생합니다. 지역마다 사정은 다르겠지요. 워싱턴 주의 경우에는 상당량의 전기가 대형 수력발전소에서 만들어지고 있습니다. 물의 힘으로 대형 터빈을 돌려 전력을 생산하지요. 그리고 태양광 발전은 온실가스를 발생하지 않습니다.

반면에 애팔래치아 지방이나 베이징에서는 주로 유연탄을 사용합니다. 석탄은 그 자체가 탄소 덩어리나 다름없기 때문에 그걸 태우면 많은 이산화탄소가 발생합니다. 참고로 이 책에서 사용되는 이산화탄소 계산은 각 지역이나 나라의 평균 배출량을 기준으로 하였습니다. 그리고 다이어트의 사례는 기본적으로 미국을 기준으로 하였습니다. 각국의 전력배출계수는 부록 2의 〈표 C〉와 〈표 D〉 참고 그러나 실제 온실가스 배출량과 비용에 관한 정보는 한국의 수치를 이용하였습니다.

이 책에서는 온실가스를 표현하는 두 가지 용어가 있습니다. 이산화탄소 혹은 탄소톤t-CO2은 이산화탄소 배출만을 나타냅니다. 이산화탄소등가물 혹은 탄소등가톤t-CO2e은 이산화탄소뿐 아니라 다른 온실가스[2]의 영향을 감안한 수치입니다.

이는 각 온실가스가 상대적으로 지구 온난화에 기여하는 정도를 이산화탄소 기준으로 환산하여 합한 수치입니다. 즉, 서로 다른 '지구 온난화 지수global warming potential, GWP'를 가지고 있는 것이죠. 예를 들면, 1톤의 메탄가스CH2는 21톤의 탄소등가톤21t-CO2e과 같은 영향력을 가지고 있습니다. 이 탄소등가톤은 주로 6장에서 거론되는 식품이나

---

2. 교토의정서에서는 메탄(CH_4), 아산화질소(N_2O), 수소불화탄소(HFC), 염화불화탄소(PFC), 육불화황(SF_6), 이산화탄소(CO_2) 등 모두 6가지를 지정하고 있다.

폐기물 분야에서 사용되고 있습니다.

02_ 사탕 대 당근: 탄소 칼로리 계산

당신은 전등을 켜거나 난방을 하는 행위가 매달 얼마만큼 이산화 탄소를 내뿜는지 생각해본 적이 있습니까?

처음으로 기후 다이어트를 시작하는 사람들을 위해서 두 종류의 전등에 대하여 에너지 사용, 온실가스 배출, 전기세를 각각 비교해 보겠습니다. 최근에 전구를 사러 시장에 가본 사람이라면 절전형 콤팩트 형광등CFL을 많이 보았을 것입니다.

이 콤팩트 형광등은 보통의 백열전등과 거의 같은 빛을 방사하지만, 전기는 약 70~75% 가량 절약됩니다. 평균 소비전력 100W짜리 백열등은 시간 당 100W 혹은 10시간 동안 1kWh를 소비하는 데 비해 콤팩트 형광등은 제품에 따라 차이는 있지만, 23~29W만 소비하고도 같은 양의 빛을 냅니다.

표 3-1 | 백열등과 콤팩트 형광등(CFL) 비교

	백열등	콤팩트 형광등(CFL)
와트(Watts)	100	29
1일 사용시간[1]	5	5
연간 사용일[2]	351	351
연간 사용량(Wh/년)	175,500	50,895
연간 사용량(kWh/년)[3]	175.5	50.895

1. 미국 전체 평균
2. 휴가일수 제외
3. 연간 사용량(kWh) = (와트 × 1일 사용 시간 × 연간 사용일) / 1,000

그렇다면 왜 그렇게 큰 차이가 생길까요? 백열등은 정말 비효율적입니다. 사용하는 전기의 10%만 빛을 생산할 뿐 나머지는 열로 사라져 버립니다. 〈표 3-1〉의 간단한 수치를 보면, 전구를 콤팩트 형광등으로 바꾸는 것이 환경적·경제적으로 어떠한 영향을 미치는지 잘 알 수 있습니다.

다음으로 각 전구에 따른 전력 소비량에 kWh당 전기료를 곱하면, 연간 전기요금의 차이를 계산할 수 있습니다. 그렇게 하면 2007년 9월 기준으로 미국의 평균 소매 전기요금은 kWh당 10.65센트이니 백열등의 연간 평균 전기요금은 개당 18.69달러이고, 콤팩트 형광등은 5.42달러가 됩니다.[3]

사실 콤팩트 형광등은 백열등보다 비쌉니다. 그러나 시간이 지나면서 전기요금을 적게 내니 오히려 이득이지요. 더구나 보통 콤팩트 형광등의 수명이 백열등보다 더 길다는 사실을 감안하면, 절약되는 돈은 그만큼 많아집니다. 국가별 평균 전기요금은 부록 2의 〈표 C〉와 〈표 D〉를 참조하세요. 지금쯤이면 전기를 적게 쓰면, 전기요금이 엄청 싸진다는 사실을 아셨죠?

그렇다면 기후에 미치는 영향은 어떨까요? 다음 페이지에 나오게 될 〈표 3-2〉를 보시면, 어느 연료를 사용하는가에 따라 배출하는 온실가스의 양을 알 수 있습니다.

다시 전구의 경우로 돌아가 살펴봅시다. 미국에서 1kWh의 전기를 생산하려면, 0.62kg의 이산화탄소를 배출해야 합니다. 따라서 각 전

---

3. 우리나라 전기요금을 kWh당 171,60원으로 상정하면 백열등 하나는 연간 약 30,000원, 형광등 하나는 연간 약 8,700원의 비용이 든다는 계산이 나온다.

구의 소비 전력량kWh에 0.62kg을 곱하면 전구 1개가 1년 간 배출하는 이산화탄소의 양을 계산할 수 있습니다. 백열등은 108.5kg175.5×0.62, 콤팩트 형광등은 31.5kg50.895×0.62를 각각 배출하는군요.[4]

이것을 보면 콤팩트 형광등으로 바꾸었을 때, 온실가스 배출과 전기요금을 70% 이상 줄이는 효과가 있다는 것을 알 수 있습니다. 이미 당신은 은메달을 따신 겁니다. 아주 쉽죠?

당신은 위의 내용을 가지고 앞으로 생활양식을 바꾸면 전체적인 에너지 사용과 온실가스 배출이 어떻게 서로 영향을 주고받는가를 평가하는 기준선을 정할 수 있습니다. 매월 나오는 전기요금 청구서를 살펴보세요. 거기에는 당신이 사용한 소비 전력량kWh이 청구서에 인쇄되어 있을 것입니다.

당신이 기후에 미치는 영향을 계산하려면, 월별 에너지 사용량에다 〈표 3-2〉에 있는 각각의 연료에 따른 이산화탄소 발생량을 곱해서 각 연료별 수치를 모두 합하면 됩니다.

다른 예를 살펴볼까요? 〈표 3-3〉은 머서 아일랜드에 있는 해링턴[5]씨

표 3-2 | 기후 다이어트에 필요한 정보 요약(연료별 이산화탄소 배출량)

	미국	대한민국
전기	0.62kgCO$_2$/kWh	0.44kgCO$_2$/kWh
천연가스	5.3kgCO$_2$/therm	2.23kgCO$_2$/Nm^3
난방용 석유	7.3kgCO$_2$/therm	2.44kgCO$_2$/L
휘발유	9.08kgCO$_2$/gallon	2.12kgCO$_2$/L

1. 이산화탄소 배출만을 고려한 수치임
2. 미국은 EPA 2007 자료임. 한국은 http://co2.kemco.or.kr/directory/toe.asp에서 계산한 수치임

4. 한국의 경우 1kWh당 0.44kg의 이산화탄소를 배출하므로 백열등은 77.22kg, 콤팩트 형광등(CFL)은 22.39kg을 연간 배출하는 셈이다.
5. 이 책의 저자인 Jonathan Harrington 본인을 지칭한다.

표 3-3 | 머서 아일랜드(Mercer Island)의 이산화탄소 배출량 사례

단위	7월 사용량	변환계수	총 이산화탄소 배출량
kWh	273	1,363파운드(0.62kg)	372파운드(169kg)
Therm	8.22	11.68파운드(5.3kg)	96파운드(43.6kg)
합계			468파운드(212.5kg)

Therm 8.211.68파운드=5.3kg, 96파운드=43.6kg, 따라서 전기와 가스의 합계는 468파운드(212.5kg)

의 2006년 7월 에너지 사용량과 이산화탄소 배출량을 나타내고 있습니다. 이 가족은 모두 273kWh의 전기와 8.22섬therm의 천연가스[6]를 주로 난방과 주방용으로 사용했네요.

전체적으로 이 가족은 에너지와 관련된 가정생활에서 212.5kg의 이산화탄소를 내뿜은 셈입니다. 몸집이 큰 스모선수 한 사람의 몸무게와 비슷하죠. 여기에 1년치를 계산하기 위해 12를 곱하면, 적은 양이 아닙니다. 하루빨리 뭔가 조치를 취하지 않으면, 이 스모선수들이 당신의 재산을 들어먹고 말 것입니다.

한국의 독자들을 위하여 역자의 사례를 들어 보겠습니다. 저희 부부는 25평 아파트에 단둘이 살고 있습니다. 지난 2010년 8월 관리비 고지서를 보면 전기는 252kWh, 도시가스는 16㎥를 사용하였습니다. 이 경우에 온실가스 배출량은 어떻게 될까요? 〈표 3-2〉를 이용하여 계산하면, 252×0.44+16×23=146.56kg이 됩니다. 이제 아시겠죠?

앞의 내용을 요약하면, 대부분의 경우 기후변화에 대한 영향을 계산하려면 세 가지 정보가 필요합니다. 연료 사용량, 소요시간 혹은 이송거리, 그리고 온실가스 배출계수가 바로 그것입니다. 위 가정의 예에서 당신은 월간 총 전기 및 열 사용량과 배출량을 계산할 수 있었습니다.

6. 1therm은 가스 사용량 계산 단위로서는 100ft³=2.831㎥에 상당한 량이다.

이와 같이 당신 가정의 정보를 대입하면, 그 수치를 계산할 수 있을 것입니다. 보다 정확히 계산을 하시려면, 에너지관리공단의 홈페이지 http://co2.kemco.or.kr에 가서서 석유환산톤 계산을 클릭하시면 됩니다. 다이어트를 하는 사람이 아침에 저울에 올라가 몸무게를 재는 것처럼 위의 사례들은 당신의 몸무게를 재본 것에 불과합니다.

03_ 구역별 성공전략

지난 수년간 수백만 가구가 주택 리모델링 열풍에 휩싸였습니다. 모두들 리모델링에 나선 것 같았죠. 당신은 주택을 리모델링 할 때, 각 방마다 어떻게 바꿀 것인지 계획을 세웁니다. 그와 동시에 당신은 방 하나를 바꾸는 것이 다른 방이나 당신의 생활양식에 어떻게 연결되는지 알고 있습니다.

기후 다이어트도 이와 비슷한 접근 방법을 취하고 있습니다. 다만, 화석연료를 사용하는 생활 영역들을 차별화하기 위하여 '방'이라는 말 대신에 '구역'이라는 말을 쓸까 합니다. 구역이라는 말은 대기에 영향을 끼치는 방, 지역, 행위 등을 포괄하고 있습니다.

그러나 당신이 리모델링을 하는 궁극적 목표가 아직은 쓸만한 냉장고를 새것으로 바꾸는 데 있는 것이 아니라 부엌을 개조하는 것처럼, 이것의 목표 역시 현재 기후에 미치는 영향이란 관점에서 당신이 어디쯤 서 있고 어떤 식으로 생활양식을 바꾸면 그 영향을 줄일 수 있는지 더 잘 이해하는 데 있습니다.

이 책에서는 당신의 생활양식이 이산화탄소의 무게에 미치는 영향을 보여주기 위하여 하나의 표본가구를 설정하고 있습니다. 이 표본가구는 특정한 국가에 실재하는 것이 아니라, 가정의 온실가스 직접 배출량이 1인 기준 15,000에서 20,000파운드_{6,810~9,080kg} 사이거나 혹은 국가 전체에서 1인 배출량의 약 1/2을 차지하는 중위도의 온대지역_{북위 40° 혹은 남위 40°}, 예를 들면 보스톤에 존재하는 것으로 설정하였습니다_{국제에너지기구(IEA)의 2006년도 에너지 통계에 의하면, 미국의 1인당 배출량은 19.73톤, 호주는 17.53톤, 캐나다는 17.24톤입니다}.

이 표본가구는 또 이들 국가와 위도에 통상적으로 구비되어 있는 전형적인 살림살이를 가지고 있습니다. 이는 비교를 목적으로 만든 표본가구라 각기 지역에 따른 정확한 이산화탄소 배출량을 제공할 수는 없지만, 당신 자신의 기후 다이어트를 설계하기 위해 사용할 수 있는 참고사항을 알려줄 수는 있을 것입니다. 다음은 이 표본가구에 있는 구역 리스트와 관련된 몇 가지 가정을 정리한 것입니다.

· 기후 다이어트 구역

1. **'실내 구역'은 20년 이상 된 186㎡(약 56평)으로 침실 3칸, 욕실 2칸, 하나의 별채로 이루어져 있습니다. 여기에는 거실/식당, 주방, 1개의 어린이 침실, 1개의 어른 침실, 서재, 욕실, 다용도실 등이 포함되는데, 4장에서 다루게 될 것입니다. 그리고 보일러 구역과 공조실은 5장에서 다룹니다.**

2. **'마당 구역'은 외부조명, 외부의 요리시설, 수영장, 사우나, 농기계 창고 등과 정원을 관리하는 작업 등을 포함합니다. 이 지역도 5장에서 다룹니다.**

3. **'먹거리과 폐기물 구역'은 먹거리의 소비, 폐기물 그리고 재활용으로 인한**

온실가스 배출의 영향을 다룹니다. 이는 6장에서 다룹니다

4. '운송 구역'은 운송거리와 운송수단에 따른 온실가스 배출의 영향을 다룹니다. 이는 7장에서 다루어질 것입니다.과

5. 이 밖에 별도의 구역을 만들고 싶으면 부록 2에 나온 〈표 B-1〉과 〈표 B-2〉에 있는 다이어트 진도 예정표를 사용하십시오. 기후 다이어트는 얼마든지 개인의 사정에 맞춰 실행할 수 있습니다. 아울러 모든 진도 예정표는 www.climatediet.com/tables.asp에서 다운로드 받을 수 있습니다.

04_ 지구 온난화를 막는 세 가지 과정

자, 이제 당신은 다음 세 가지 과정 중 하나를 택해 본격적으로 기후 다이어트를 하실 수 있습니다.

1. **속성반 과정**
2. **단과반 과정**
3. **종합반 과정**

1. 속성반 과정

이 과정을 택한 사람은 3장부터 8장까지 읽고 표본가구에서 제시한 대로 생활양식을 바꾸면 됩니다. 완전히 바꾸고 싶으신가요? 아니면 몇 군데 문제가 있는 곳에 집중하고 싶으신가요? 각 장의 서두에 있는 개요를 읽어보면, 당신이 찾고 있는 조언과 정보를 쉽게 찾을 수

있을 것입니다.

또한 각 장의 마지막에 있는 '실행 팁'을 따라 실행하면, 당신의 탄소발자국을 줄일 수 있습니다. 나중에 비교하기 위한 기준선을 세우려면 월별 전기와 가스요금 고지서를 잘 보관해 두세요. 전년도의 같은 달과 비교해 얼마나 돈을 절약했는지 알 수 있을 테니까요.

2. 단과반 과정

이 과정을 택한 사람은 나중에 비교하기 위한 기준선으로 1년치 전기요금나 난방요금 고지서를 사용합니다. 1월부터 12월까지 월별 에너지 사용량을 적어두고 〈표 3-1〉에 있는 계산식을 이용하여 전기 사용량을 계산합니다. 월별 전기 사용량kWh에 〈표 3-4〉에 있는 온실가스 배출계수GHG 계수를 곱하면 당신의 온실가스 배출량이 계산됩니다.

난방이나 취사에 쓰인 열 에너지의 경우, 월별 요금 고지서에 나온 가스나 기름의 사용량에 각각의 GHG 계수를 곱하면 됩니다. 이에 대해 어떻게 계산을 하는지 더 자세히 알고 싶은 사람은 부록 2에 나와 있는 〈표 B-1〉과 〈표 B-2〉를 참고하시기 바랍니다.

실행 팁에 제시된 대로 생활양식을 바꾸고 월 단위로 전년 같은 달의 고지서와 서로 비교해 보세요. 그리고 에너지 사용과 온실가스 배출이 얼마나 줄었는지 확인하면 앞으로 얼마나 더 잘 할 수 있을지도 알 수 있을 것입니다.

그리고 6장에 나오는 장보기와 먹거리, 7장에 나오는 운송을 포함하여 나머지 장을 읽고 당신의 기후영향을 줄이는 모든 팁을 실천하면 됩니다.

이 과정을 택한 사람은 각 방마다 또 각각의 전자제품마다 에너지를 얼마나 사용하는지 정확히 계산하고 그에 근거하여 탄소발자국을 줄이는 구체적 변화를 계획하고 계속 추적합니다. 표본가구의 사례를 통해 어떻게 이런 일이 가능한지 당신은 알 수 있습니다. 통상 사용되는 살림살이와 그에 관련된 에너지 사용량과 온실가스 배출량이 각 방마다 계산됩니다.

이 과정의 핵심은 부록 2에 있는 〈다이어트 워크시트 샘플〉과 www.climatediet.com/tables.asp에서 다운로드를 받은 표입니다. 이하 여러 장에서 당신은 이 표들을 사용하여 가정, 마당 그리고 도로에서 사용하는 에너지와 배출되는 온실가스에 대한 자세한 내역을 어떻게 만드는지 배우게 될 것입니다.

여러 살림살이 제품에 대한 자세한 에너지 사용자료는 부록 2에 나와 있는 〈표 D〉에서 보실 수 있습니다. 또한 여기에는 장을 보거나 먹거리를 고를 때 기후에 미치는 영향을 줄이는 유용한 방안들도 많이 제시되고 있습니다.

그렇다면 TV 시청을 줄이고 소고기를 덜 먹고 자동차 출퇴근을 줄여서 당신이 기후에 미치는 전체적 영향이 어떻게 변했을까요? 당신의 '탄소 몸무게'는 얼마나 빠졌을까요? 9장에 있는 〈표 9-1〉과 〈표 9-2〉에서 당신은 최종 결과를 알아보고 얼마나 많은 온실가스와 돈을 절약했는지 그리고 앞으로 더 잘 할 구석이 있는지 확인해 볼 수 있습니다.

만약 종합반 과정을 모두 마치기가 어렵다면, 종합반 과정 일부와 단과반 과정을 섞어서 실행해도 좋습니다. 예를 들면, 실내 구역의 방

한두 개만 실천하거나 실내 구역은 재쳐 두고 마당 구역에만 초점을 맞출 수도 있습니다. 만약 친환경 운송에 관심이 많다면, 곧장 7장으로 가서 운송 구역 관련 워크시트를 체크해 보세요. 아니면 6장에서 먹거리 구역과 폐기물 구역으로 가서 관련 워크시트를 체크하시고 먹거리와 장보기로 인한 탄소발자국 줄이기에 나서 보세요.

05_ 선택은 이제 당신의 몫이다

당신도 이제는 기후 다이어트가 어디서나 그리고 어느 생활양식에서도 적용할 수 있다는 것에 동의하실 것입니다. 비용을 절감하는 것은 에너지 비용에만 적용된다는 데 유의하십시오. 최초의 구입비나 기타 수명주기 비용life cycle cost[7]과 같은 다른 요소들은 포함되어 있지 않습니다. 또한 재화나 서비스에 관한 비용은 변화의 폭이 너무 커서 국가별 비교 모델을 담을 수 없었습니다.

당신은 에너지 고효율 제품이나 서비스를 구입하기 전에 당신의 여건을 잘 판단해야 합니다. 물론 여기서 제시하는 내용들은 대부분 추가적인 투자가 필요 없긴 합니다.

그리고 마지막으로, '이것은 대단한 일이야! 하지만 난 숫자가 싫어!'라고 생각하는 사람도 있을 것입니다. 걱정 마십시오. 음식을 줄이는 다이어트처럼, 기후변화를 줄이겠다고 모든 칼로리를 계산하거

---

7. 제품의 개발, 설계 제조에 들어가는 비용과 사용 시 유지와 보수에 들어가는 비용 그리고 폐기 시 들어가는 비용의 총합을 의미한다.

나 모든 분야의 탄소 몸무게를 잴 필요는 없습니다. 그런 사람은 계산할 필요가 없는 속성반 과정을 밟으십시오.

　기후 다이어트에 성공하는 진짜 열쇠는 생활양식을 어떻게 바꿔야 온실가스를 가장 많이 그리고 가장 효과적으로 줄일 수 있는가에 대해 이해를 넓혀가는 데 있습니다. 어떤 과정을 택하건 기후 다이어트는 당신 가족의 온실가스 배출을 줄여 줄 것입니다. 그리고 그것이야말로 건강한 다이어트입니다.

덜 쓰는 것이 더 낫다: 기후 다이어트 집 꾸미기

01 집이 달라지면 기후도 바뀐다
02 어디서부터 시작할까요?
  • 실행 팁

　21세기가 시작되고 처음 몇 년 동안 세계 여러 지역에서 집짓기가 붐을 일으켰습니다. 상하이에서는 매년 100동의 초고층 아파트가 추가로 지어져 도시의 스카이라인이 바뀌었습니다. 런던의 도심에서는 끝없는 주택수요로 인해 부동산 가격이 천정부지로 올라갔습니다. 그리고 스페인의 리비에라 해안에는 해안선을 따라 고급주택들이 우후죽순으로 들어섰습니다.

　많은 사람들이 자기 집이 있으면 재정적으로 혹은 개인적으로 남의 신세를 지지 않고 살 수 있다고 여기고 있습니다. 그리고 때때로 각국 정부에서 시행한 모기지론의 이자율 인하나 세금감면과 같은 지원정책은 이런 건설 붐을 더욱 부채질했습니다.

　북아메리카 사람들도 이러한 내집 마련 열풍에 뛰어들었습니다. 건물을 신축하는 것이 최근 수십 년 동안 유래가 없을 정도였습니다. 그리고 그들은 점점 더 많은 콘도와 연립주택, 일반주택을 사들였습니다. 그뿐 아니라 그들의 작은 궁전은 점점 규모가 커지고 휘황찬란해졌습니다.

　집의 리모델링은 언제나 인기가 많았습니다. 집수리에 열심인 주택 소유자들에게는 주말마다 집을 수리하기 위해 용품점에 들르는 것이 빼놓을 수 없는 일과가 되었습니다. 일요일마다 전통적으로 교회에 나가던 사람들이 어느새 이 커다란 소비의 성전으로 순례를 하게 된 것입니다.

그리고 이들에게 자기 집을 가진다는 것은 점차 단순히 집이라는 건물을 소유한다는 의미를 넘어 건물 주변의 땅까지 세심하게 보존한다는 의미를 갖게 되었습니다. 이들은 주말마다 몇 시간씩 아름다운 녹색 잔디를 가꾸고, 정원을 완벽하게 손질하며, 힘들여 관목들을 쳐내는 등 자기 뜰을 돌보는 것에서 커다란 만족감을 얻습니다.

또한 이들은 최근 들어 마당과 발코니를 좀 더 편안하고 쓸모 있게 만들기 위해 새로운 테라스나 수영장 등과 같은 여러 부속물을 설치하고 있습니다. 그리고 이로 인해 집의 외연이 확장되면서 집 안팎의 경계가 점차 희미해지고 있습니다.

01_ 집이 달라지면 기후도 바뀐다

가정생활이 기후에 미치는 영향을 고려할 때, 이제 기후 다이어트에 대한 논의를 본격적으로 시작하는 게 좋을 것 같습니다. 당신은 잘 모를 수도 있겠지만, 사실 일반적으로 교외의 독립가옥 하나하나는 모두 온실가스를 생산하는 작은 공장입니다. 그중에서도 냉난방을 필두로 가전제품, 조명, 온수 등의 순으로 온실가스를 많이 발생시킵니다.

당신이 시작부터 분명히 해야 할 것은 집집마다 같은 곳은 한 군데도 없다는 사실입니다. 한 지역에서 외견상으로는 똑같아 보이는 집들일지라도 집집마다 생활방식이 다르기 때문에 환경에 미치는 영향도 각각 다를 수밖에 없습니다.

그러나 각 가정에서 환경에 미치는 영향을 좌우하는 공통 요소들은 존재합니다. 그 중 가장 중요한 것이 집의 크기와 건축 연도입니다. 당신 가족이 살고 있는 이 '작은 천국'은 1959년에 지어졌고, 넓이는 186㎡^{약 56평} 정도 됩니다. 이 집은 같은 시기에 지어진 다른 집들보다 약간 큽니다. 그러나 그 후 해를 거듭할수록 미국을 비롯한 대부분의 선진국에서 집의 규모는 점점 더 커졌습니다. 그래서 오늘날 미국에서 새로 지은 집들은 평균 232㎡^{약 70평} 정도가 됩니다.

집이 작아지면 그에 따라 많은 것들이 줄어들게 됩니다. 보통 집이 작아지면 콘센트, 수도꼭지, 변기, 샤워기 등도 그 수가 줄어듭니다. 그리고 가구도 작아지고 텔레비전이나 냉장고와 같은 전기제품의 수도 줄어듭니다. 또한 집 크기가 작아지면 냉난방에 필요한 공기의 양도 줄어듭니다. 반면에 오래된 집은 일반적으로 단열 상태가 좋지 않을 뿐 아니라, 대개는 전기용품이나 온수기, 에어컨 등도 낡고 저효율 제품인 경우가 많습니다.

또한 기후, 지리적 위치, 에너지 이용 가능성도 가정의 온실가스 배출에 영향을 미칩니다. 가령, 미국에 사는 사람들에게는 실내온도 22℃가 가장 가장 일반적인데, 이것이 평균적인 외부기온과 차이가 클수록 더 많은 온실가스가 배출된다고 합니다. 이 마법의 온도는 사실 건강이나 필요성과는 아무 상관이 없습니다.

겨울철 기온이 시애틀 지역과 비슷한 동경에 사는 사람들은 사실 그 기온 밑으로 내려가도 낮 시간에 히터를 사용하지 않은 채 생활을 합니다. 그래도 건강상 전혀 나쁜 영향을 받지 않기 때문입니다. 22℃는 단지 미국인들에게 익숙한 온도일 뿐입니다.

시애틀 사람들은 연간 6개월 이상 히터를 가동하고 지내지만, 여름에는 시원하기 때문에 중앙 집중형 에어컨을 가진 사람이 거의 없습니다. 그러나 만약 당신이 마이애미에 산다면, 그 상황은 달라집니다. 당신의 에어컨은 연간 3,931시간을 쉴 새 없이 가동하게 됩니다.

또한 식생이나 토지의 이용방식 같은 요소들도 실내온도에 영향을 미칩니다. 만일 당신이 숲에서 생활한다면, 햇빛이 적게 들기 때문에 에어컨을 틀 필요성이 훨씬 줄어들 것입니다. 반면에 나무들이 햇빛을 차단하기 때문에 겨울에는 난방수요가 훨씬 늘어날 것입니다. 하지만 그와 반대되는 환경에서 생활한다면, 당신은 여름철의 작열하는 햇빛을 막기 위해 집 주변에 나무를 심고 싶을 수도 있습니다.

마지막으로, 연소를 할 때에 방출되는 이산화탄소의 양은 연료의 종류가 무엇인가에 따라 상당히 달라집니다. 가정집 난방장치의 효율이 동일하다고 가정할 때, 천연가스는 등유에 비해 온실가스를 2/3 정도 밖에 배출하지 않습니다. 이와 마찬가지로 발전을 할 때 발생하는 온실가스 배출량도 각각 달라집니다.

끝으로 온실가스 배출량은 가전이나 다른 제품들이 사용되는 시간의 길이에 영향을 받습니다. 그리고 6주 혹은 그 이상의 유급 휴가를 받는 유럽인들에게는 약간 충격적으로 들릴지 모르지만, 평균적인 미국 노동자들은 일 년에 약 2주 정도의 휴가를 받습니다. 이 책은 휴가 기간이 늘어남에 따라 얻어지는 편익과 비용에 대해 논의할 자리는 아니지만, 이것도 당신의 기후 다이어트에 분명히 영향을 미칩니다.

02_ 어디서부터 시작할까요?

1. 침실

그렇다면 당신은 보다 건강한 기후를 만들기 위해 어디서부터 탐색을 시작하는 게 좋을까요? 이 질문에 대한 저의 답은 당신이 원하는 곳이라면 그 어디서든 시작해도 좋다는 것입니다. 집 어딘가를 새로 바꾸고 싶으신가요? 혹시 서재의 조명을 더 밝게 하고 싶으신가요? 혹은 당신의 딸이 자기 방이 너무 '후지다'고 계속 투덜대고 있지는 않나요? 다행히도 기후 다이어트는 융통성이 많아서 당신이 어디서부터 시작하든 별 무리가 없습니다.

마침 저에게는 자기 방을 다시 꾸미고 싶어 하는 딸이 하나 있습니다. 그래서 우리의 표본가구에 속하는 내 딸 켈라의 방에서부터 시작해 보겠습니다. 우리는 이미 그에 필요한 도구들을 모두 갖추고 있습니다. 만일 당신이 속성반 과정을 택한다면, 저의 말을 좇아 제가 추천한 대로 생활을 바꾸십시오. 만일 당신이 종합반 과정을 밟으신다면, www.climaediet.com/tables.asp에서 워크시트를 다운로드 받아서 빨간 칸에 각 방별로 에너지 사용값을 채우십시오. 그러면 구역별로 온실가스 감축비율이 자동으로 계산될 것입니다.

우리 켈라의 침실에는 사실 너무 많은 물건들이 있습니다. 다행히도 그중에서 단 몇 개 품목만 전기를 사용합니다. 탁상용 전등 1개 60W, 천정용 선풍기 1개75W와 전등 1개150W, 그리고 휴대용 오디오 1개15W 등이 그것입니다.

그리고 당신이 생활방식을 바꿀 계획이라면, 새 항목들과 거기에 상응하는 사용시간의 값, 그리고 온실가스 배출량을 기록하세요. 여기 〈표 4-1〉을 보면, 켈라의 방은 1년에 약 425kWh의 전기를 사용하고 187kg의 이산화탄소를 발생시킵니다.

이 표를 보면, 몇 개의 백열전등을 콤팩트 형광등CFL으로 바꾸고 천정용 선풍기를 보다 효율이 높은 것으로 바꾸기만 해도 이산화탄소 배출량을 약 56%, 104kg이나 줄일 수 있다는 것을 한눈에 알 수 있습니다. 또한 고효율 천정용 선풍기로 교체하면, 공기를 집 안 곳곳으로 고루 보낼 수 있어 에어컨을 덜 돌리거나 아예 돌리지 않아도 되기 때문에 돈을 아낄 수 있습니다.

표 4-1 | 침실1(어린이 침실) 구역 워크시트

전기 사용 기구	현재 소비량 및 발생량 (연간)		목표 소비량 및 발생량(연간)		
	kWh	CO_2(kg)	kWh	CO_2(kg)	CO_2 감축율
침실1 구역					
천정 선풍기	79.00	34.76	63.20	27.81	20.00
스테레오 (책상용)	15.80	6.95	15.80	6.95	0.00
에어컨	35.10	15.44	35.10	15.44	0.00
부분합	129.90	57.16	114.10	50.20	12.16
조명기구: 백열등(W)					
60W	84.20	37.05	21.10	9.28	74.94
150W	210.60	92.66	53.40	23.50	74.64
부분합	294.80	129.71	74.40	32.74	74.76
총합계	424.70	186.87	188.50	82.94	55.62
비용비교					
현재 비용(₩)	72,829				
목표 비용(₩)	32,347	₩/kWh		171.60	
총 절약액(₩)	40,532				

이렇게 아이의 방을 바꿈으로써 당신은 이산화탄소 배출량을 56%104kg 가량 줄이고, 전기요금을 40,000원 이상 절약하게 됩니다. 그리고 당신은 은메달을 받게 됩니다.

침실2에는 가전제품 몇 가지가 추가됩니다. 186m²56평짜리인 이 방은 대체로 20~30년 정도 지난 것으로 집의 안방이라고 할 수 있습니

표 4-2 | 침실2(안방) 구역 워크시트

전기 사용 기구	현재 소비량 및 발생량(연간)		목표 소비량 및 발생량(연간)	
	kWh	CO_2(kg)	kWh	CO_2(kg)
침실2 구역				
천장 선풍기	79.00	34.76	79.00	34.76
시계	17.50	7.70	17.50	7.70
DVD	2.00	0.88	2.00	0.88
스테레오 (책상용)	15.80	6.95	15.80	6.95
TV (27인치)	158.70	69.83	158.70	69.83
비디오게임 콘솔	14.00	6.16	14.00	6.16
공기청정기	35.10	15.44	35.10	15.44
휴대용 히터	480.00	211.20	0.00	0.00
전기 담요	0.00	0.00	28.80	12.67
부분합	802.10	352.92	350.90	154.40
조명기구				
60W	84.20	37.05	21.10	9.28
100W	561.60	247.10	162.90	71.68
150W	210.60	92.66	53.40	23.50
부분합	856.40	376.82	237.40	104.46
총합계	1658.50	729.74	588.30	258.85
비용비교				
현재 비용(₩)	284,599			
목표 비용(₩)	100,952		₩/kWh	171.6
총 절약액(₩)	183,646			

다. 이 방에서 전등보다 전기 소비량이 많은 것 중 하나가 유비쿼터스 TV입니다. 최근 몇 년간 텔레비전의 보급대수는 세계적으로 해마다 계속 증가해 왔습니다. 다행히도 텔레비전의 성능은 이전보다 훨씬 더 향상되었습니다. 컴퓨터 분야에서는 이미 2006년에 브라운관CRT식 모니터가 액정 디스플레이LCD 모니터로 대체되었습니다. 수년 내, 당신은 CRT 모니터를 볼 수 없을지도 모릅니다.

당신은 어쩌면 기후 다이어트를 핑계로 동네에 있는 가전제품 판매점으로 당장 달려가 새 TV를 장만하려 할지도 모릅니다. 그런데 과연 10~20W의 전기를 절약하기 위해 수백만 원를 들여 새 TV를 사야 할까요? 당신은 지금보다 TV를 더 많이 볼 건가요? 그게 과연 바람직한 생각일까요?

그보다는 콤팩트 형광등 몇 개를 더 사는 게 훨씬 낫습니다. 새로운 물건을 구입하기 전에 당신은 먼저 물건의 제조, 유통, 사용 후 폐기까지 즉, 제품의 라이프사이클 전 과정에서 온실가스를 배출한다는 사실을 기억해야 합니다. 그리고 만약 지금 쓰고 있는 가전제품이 고장 없이 잘 작동하고 있다면, 그 수명이 다할 때까지 그대로 쓰는 것이 좋습니다. 아울러 당신이 진정으로 에너지 절약의 희열을 느끼고 싶다면, 새 제품을 사는 것보다는 기존에 쓰던 것을 조금 아껴 쓰면서 전기요금이 줄어드는 것을 살펴보기 바랍니다.

자, 그럼 표본가구의 안방이라고 할 수 있는 침실2에 대해서 한 가지 대안을 제시하겠습니다. 이 방은 현재 밤에 외풍이 있어서 중앙난방과 함께 보조용으로 실내 난방기를 사용하고 있습니다. 하지만 이 난방기는 에너지를 많이 소모합니다. 만약 밤에 쌀쌀하다고 생각하면, 전기담요를 사용하시면 안성맞춤일 것입니다.

이렇게 침실2에 단지 몇 가지 변화를 줌으로써 당신은 이산화탄소 배출량을 65% 가량 줄일 수 있을 뿐 아니라 에너지 비용을 약 184,000원 가량 줄임으로써 은메달을 획득하게 될 것입니다.

2. 서재

우리 표본가구의 서재는 사무를 볼 수 있게 해주는 정보통신기기들을 잘 갖추고 있습니다. TV의 경우처럼 사무용 전자기기도 전력 소비량이 현저하게 낮아졌지만, 당장에 뚜렷하게 알아볼 정도는 아닙니다. 실례를 들어 봅시다. 19인치 LCD모니터의 경우, 전원이 켜져 있을 때는 에너지 스타Energy Star 제품[1]과 그렇지 않은 제품 사이에 에너지 사용의 편차가 그리 크지 않습니다. 복사기, 팩스, 프린터의 경우도 대부분 마찬가지입니다.

이 기기들은 대기모드 또는 정지모드일 때, 에너지 절약에 큰 차이를 보입니다. 당신의 워크시트에서 이 기기들의 에너지 값은 그 차이를 고려하여 조정되었습니다. 하지만 에너지 스타 제품이 아닌 복사기는 대기모드일 때도 운전모드일 때와 거의 비슷한 에너지를 사용한다는 것을 혹시 아십니까? 에너지 스타 제품의 복사기와 그렇지 않은 복사기는 운전모드일 때는 똑같이 115W의 전력을 사용합니다. 그러나 대기모드일 때는 에너지 스타 제품은 34W를 소비하는 데 비해 그렇지 않은 제품은 110W를 소비합니다.

---

1. Energy Star는 에너지 효율이 좋은 제품임을 증명하는 국제 기준으로 미국, 유럽, 캐나다, 일본 등이 채택하고 있음.

여기 몇 가지 에너지 스타 제품들의 특징을 들어보면, 다음과 같습니다.

1. **컴퓨터는 사용하지 않을 때에는 자동으로 30W 이하로 떨어진다.**
2. **스캐너는 사용하지 않을 때에는 15분 후 자동으로 정지모드로 들어간다.**
3. **프린터는 사용하지 않을 때에는 15~45W로 떨어진다.**
4. **모니터는 사용하지 않을 때에는 30W 이하로 떨어진다.**

많은 제품들은 두 단계에 걸쳐 절전이 가능합니다. 최종적으로는 '완전정지' 모드로 변환됨으로써 좀 더 많은 에너지를 절감하게 되지요. 대부분의 에너지 스타 또는 그와 같은 등급의 소형 전기기기들은 이런 특징을 가지고 있습니다.

그러나 대기모드인 경우, 전력 사용의 차이는 사무용 전기기기들이 다른 종류의 기기들보다 훨씬 더 크다고 할 수 있습니다. 이러한 절전형 제품들의 단점이라고 한다면, 다시 가동시킬 경우 다소 시간이 더 걸린다는 점입니다.

여기서 안타까운 점은 사용하지 않을 경우 절전을 하도록 하는 데 있어 제조업체는 추가적인 비용이 거의 들지 않음에도 불구하고 그런 기기들을 보편화시키지 않고 있다는 것입니다. 그리고 제조업체가 설사 그런 기기를 출시했다 하더라도 당신은 에너지 스타 표시가 되어 있지 않은 제품을 종종 사고 있다는 것입니다.

전력을 사용하는 문제에 대해 물론 아주 빠르고 쉬운 해법이 있습니다. 그냥 전원을 끄거나 플러그를 뽑는 것입니다. 다시 말하면, 전원 버튼, 본선 차단장치 또는 소켓 스위치를 사용하여 기기로 들어오는 전류를 차단하는 것이지요. 이렇게 하면 당신은 사용하지 않을 때 자동으로 꺼진다는 장점을 가졌다는 이유만으로 몇 십만 원이나 더 비싼 제품을 굳이 살 필요가 없습니다.

당신은 현실에서 생각은 하면서도 불행히도 에너지를 잡아먹는 사

표 4-3 | 서재 구역 워크시트

전기 사용 기구	현재 소비량 및 발생량(연간)		목표 소비량 및 발생량(연간)		
	kWh	CO_2(kg)	kWh	CO_2(kg)	CO_2 감축율
서재 구역					
선풍기	31.60	13.90	31.60	13.90	0%
시계	17.50	7.70	17.50	7.70	0%
DVD	2.00	0.88	2.00	0.88	0%
스테레오 (책상용)	15.80	6.95	15.80	6.95	0%
컴퓨터	44.80	19.71	44.80	19.71	0%
프린터	22.50	9.90	9.00	3.96	60%
공기청정기	35.10	15.44	35.10	15.44	0%
팩스	38.60	16.98	38.60	16.98	0%
복사기	90.10	39.64	0.00	0.00	100%
LCD 19인치	55.50	24.42	11.60	5.10	79%
부분합	353.60	155.58	206.00	90.64	42%
조명기구: 백열등(W)					
60W (2개)	168.50	74.14	42.10	18.52	75%
100W (3개)	421.20	185.33	122.10	53.72	71%
부분합	589.70	259.47	164.30	72.29	72%
총합계	943.30	415.05	370.30	162.93	61%
비용비교					
현재 비용(₩)	161,870			₩/kWh	171.6
목표 비용(₩)	63,543				
총 절약액(₩)	98,327				

무기기의 전원을 끄는 일을 종종 잊곤 합니다. 따라서 이산화탄소 배출량을 줄이기 위해 몇 가지 주요 제품을 구입하거나 사용 시한이 거의 다 된 제품을 교체하는 것도 좋겠습니다.

그리고 당신이 또 하나 유념했으면 하는 것이 있습니다. 가정용 복사기를 집에서 추방하라는 것입니다. 당신은 언제 어디서나 복사를 할 수 있으면 좋겠다는 생각에 복사기를 집에 들여 놓습니다. 하지만 가정용 복사기는 구입한 비용에 비해 거의 쓸모가 없습니다.

그것은 매일 자리만 차지하고 앉아서 전기만 잡아먹습니다. 제가 장담하건데 당신은 집에서 복사할 일이 점점 없어지다가 결국 중단하게 될 것입니다. 당신은 복사기를 치우는 것만으로도 다른 환경적 편익을 얻을 수 있을 것입니다.

여기 제시된 변경사항을 시행하고 모든 전구를 콤팩트 형광등으로 바꾸기만 하면, 당신은 이산화탄소 배출량을 61% 가량 줄일 수 있을 뿐만 아니라 전기요금을 98,000원 가량 줄임으로써 또 하나의 은메달을 따게 됩니다.

3. 거실/식당

최근 들어 많은 사람들이 거실과 식당을 이용하는 방식에 커다란 변화가 있었습니다. 예전에 거실과 식당은 주로 동료들과 파티를 하거나 식사를 하는 것과 같이 격식을 차리는 활동공간으로 간주되었습니다. 그래서 외부 사람들에게 공개된다는 이유로 항상 번쩍번쩍 윤이 나는 유일한 영역이었지요.

그러나 시대가 바뀌었습니다. 많은 나라에서 이른바 '큰 거실great

room'이 등장한 것입니다. 여기서 큰 거실이란 주방, 거실, 식당을 통합해 벽을 없애거나 칸막이 정도로 구분한 공간을 말합니다. 마루나 계단, 조리공간 및 탁자 등을 보고 거실과 식당, 주방을 구분하는 정도입니다. 그러나 불행히도 20~30년 된 낡은 집이나 아파트에 살고 있는 대부분의 사람들은 이런 큰 거실에 살려면 앞으로 어느 정도 시간을 필요로 합니다.

우리의 표본가구에는 거실/식당 구역에 모든 기본적인 오락용 가전제품, 즉 전축, 대형 TV, 비디오 게임기, 그리고 DVD 플레이어 등이 배치되어 있습니다. 그리고 여기에는 열대어를 기르는 수족관도 배치되어 있습니다.

그런데 이 38ℓ 크기의 열대어 수족관은 TV보다 오히려 더 많은 전기를 소모합니다. 찬물에서는 열대어가 오래 살지 못하므로 하루 24시간 가동되기 때문이지요. 게다가 여기에는 물고기들의 움직임을 볼 수 있도록 설치된 40W짜리 꼬마전구의 전기요금은 포함되어 있지 않습니다. 그렇다고 물고기를 쫓아내라는 말은 아닙니다. 그러나 물고기를 가족으로 받아들일 생각이라면, 많은 어종들이 실내온도에서도 잘 살 수 있다는 것도 알아둘 필요가 있습니다.

대개 거실/식당 구역에서 에너지를 가장 많이 사용하는 부분은 조명입니다. 당신네 집을 방문하는 사람들은 대개가 이 구역의 조명이 밝을 것으로 생각합니다. 그런데 그 조명의 특성을 바꾸는 것만으로도 공간을 보다 효율적으로 이용하거나 방의 기능에 변화를 줄 수 있습니다. 또한 다른 조명 구역을 별도로 만드는 것도 대기에 도움을 줄 수 있습니다.

여기서 당신이 맨 먼저 그리고 최우선적으로 해야 할 일은 조명을 형광등이나 절전형 전구로 바꾸는 일입니다. 그러나 그 공간을 밝게 하면서 다른 방법으로 에너지를 효율적으로 사용하려는 사람도 있을 것입니다.

어떤 나라에서는 콤팩트 형광등은 별로 인기가 없습니다. 조명이

표 4-4 | 거실/식당 구역 워크시트

전기 사용 기구	현재 소비량 및 발생량(연간)		목표 소비량 및 발생량(연간)		
	kWh	CO_2(kg)	kWh	CO_2(kg)	CO_2 감축율
거실/식당 구역					
수족관	569.40	250.54	569.40	250.54	0%
시계	17.50	7.70	17.50	7.70	0%
DVD	2.00	0.88	2.00	0.88	0%
스테레오 (대형)	210.60	92.66	210.60	92.66	0%
평면 스크린 37"	168.50	74.14	168.50	74.14	0%
비디오 게임 콘솔	14.00	6.16	14.00	6.16	0%
공기청정기	35.10	15.44	35.10	15.44	0%
케이블 상자	28.10	12.36	28.10	12.36	0%
부분합	1045.20	459.89	1045.20	459.89	0%
조명기구: 백열등(W)					
40W (4개)	224.60	98.82	56.20	24.73	75%
75W (1개)	105.30	46.33	28.10	12.36	73%
100W (10개)	1404.00	617.76	407.20	179.17	71%
부분합	1733.90	762.92	491.40	216.22	72%
총합계	2779.20	1222.80	1536.60	676.10	45%
비용비교					
현재 비용(₩)	476,911				
목표 비용(₩)	263,681		₩/kWh	171.6	
총 절약액(₩)	213,230				

약간만 어둡거나 색상이 달라져도 소비자들이 바로 외면하기 때문이지요. 그럴 경우에는 반사광을 이용한 간접조명이 이런 문제를 해결하는 방법이 될 수 있습니다.

그리고 좁은 영역을 밝히거나 진열과 같이 어떤 일정 지점을 비추는 부분에서는 발광다이오드LED 전구가 점차 보편화되어 가고 있습니다. LED 전구의 수명은 10만 시간으로 콤팩트 형광등의 10배 정도나 됩니다. 또한 에너지를 사용하는 측면에서도 할로겐 전구와 비슷하거나 오히려 우수합니다. LED 전구는 효율적인 광원으로, 할로겐 전구를 대체하는 데 안성맞춤입니다.

또 하나 아주 멋진 가정용 조명이 있는데, 이것은 다름 아닌 햇빛입니다. 대개 거실/식당 구역은 상대적으로 면적이 넓기 때문에 태양전지판이나 다른 어떤 장치 없이도 넓은 창이나 천정창을 통해 자연형 태양 에너지를 이용할 수 있는 시설을 도입할 수 있습니다. 자연광을 이용한 설계라는 주제는 너무 방대해서 여기서 다 거론할 수 없지만, 당신은 집 안 곳곳에 최대한 햇빛을 이용할 수 있는 방법을 연구할 필요가 있습니다.

여기서 즉석으로 한 가지 제안을 한다면, 솔라튜브 조명을 설치해 볼 것을 권합니다. 솔라튜브는 기본적으로 소형의 둥근 천정창이라고 보면 됩니다. 그것은 소형에다 일반 천정창에 비해 설치하기도 쉽고 가격도 비싸지 않습니다. 거기에는 대개 반사형 간접조명이 포함되어 있어 밤에도 이용할 수가 있습니다. 이 튜브는 밤에 열손실을 줄이기 위해 막아 놓을 수도 있습니다. 보통 아래쪽의 지름이 3.5cm에 불과하므로 막아 놓으면 집 안으로 들이는 빛의 양은 줄어들게 되지요.

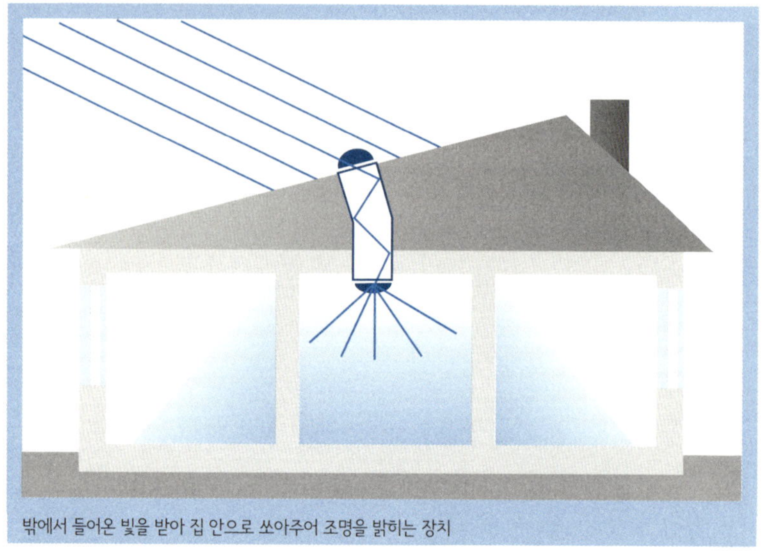

밖에서 들어온 빛을 받아 집 안으로 쏘아주어 조명을 밝히는 장치

당신이 거실/식당 구역에 여기 제시된 변경사항만 채택한다면, 당신은 이산화탄소 배출량을 45%547kg 가량 줄이고 에너지 비용을 213,000원 가량 절약함으로써 동메달을 따게 됩니다.

4. 주방

자! 이제 주방으로 가봅시다. 당신은 지금까지 매일 음식을 요리하고 준비하는 데 사용해온 기구들을 세어본 적이 있습니까? 당신은 대개 전기오븐, 토스터기, 믹서 등을 주방 구석이나 캐비넷, 서랍 등에 처박아 두고 있어서 뭐가 어디 있는지 모르고 삽니다.

〈표 4-5〉에 나와 있는 에너지를 사용하는 주방용품 목록이 전부가 아닙니다. 대부분의 주방에는 이보다 훨씬 더 많은 것들이 있습니다. 대표적인 에너지 사용값을 한 번 살펴봅시다. 대부분이 높은 수치를 보이

표 4-5 | 주방 구역 워크시트

전기 사용 기구	현재 소비량 및 발생량(연간)		목표 소비량 및 발생량(연간)		
	kWh	CO_2(kg)	kWh	CO_2(kg)	CO_2 감축율
주방 구역					
팝콘 기계	5.80	2.55	5.80	2.55	0%
믹서	2.10	0.92	2.10	0.92	0%
제빵기	70.70	31.11	70.70	31.11	0%
커피메이커	105.30	46.33	105.30	46.33	0%
캔 오프너	0.70	0.31	0.00	0.00	100%
음식 조리기	47.70	20.99	47.70	20.99	0%
쓰레기 처리기	7.90	3.48	7.90	3.48	0%
주서	31.60	13.90	0.00	0.00	100%
전자레인지	87.80	38.63	87.80	38.63	0%
전기밥솥	114.10	50.20	114.10	50.20	0%
전기요리냄비	62.40	27.46	62.40	27.46	0%
토스터	38.60	16.98	38.60	16.98	0%
냉장고(650L)	665.80	292.95	665.80	292.95	0%
식기세척기	252.70	111.19	0.00	0.00	100%
요리용 난로 (stove top)	877.50	386.10	877.50	386.10	0%
레인지 오븐	912.60	401.54	912.60	401.54	0%
부분합	3283.30	1444.65	2998.30	1319.25	9%
조명기구: 백열등(W)					
40W (4개)	224.60	98.82	56.20	24.73	75%
100W (8개)	1123.20	494.21	325.70	143.31	71%
부분합	1347.80	593.03	381.90	168.04	72%
총합계	4,631.10	2,037.68	3,380.20	1,487.29	27%
비용비교					
현재 비용(₩)	794697				
목표 비용(₩)	580042		₩/kWh	171.6	
총 절약액(₩)	214654				

고 있군요. 냉장고, 아이스크림 제조기, 식기세척기 등 대형 주방용품을 만드는 제조회사들은 대개 에너지 스타 제품인증을 받고 있습니다.

그러나 대부분의 제품들은 에너지 고효율 제품들이 아닙니다. 왜 그럴까요? 소비자들이 신경을 쓰지 않기 때문입니다. 지난 몇 년 동안 필자는 일본과 미국과 캐나다에 있는 판매원들에게 소형 주방용품의 에너지 사용에 관한 설문조사를 해왔습니다. 그런데 어떻게 대답해야 할지 아는 사람이 드물었습니다. 그리고 대부분은 그런 질문을 받아본 적도 없었습니다.

그럼 우선 전기난로부터 살펴봅시다. 어떤 음식을 가열하거나 냉각시킬 때 중요한 것은 가능한 한 많은 에너지를 목적대로 사용하는 것입니다. 이 점에서 보면 전기렌지의 경우, 매우 효율성이 낮음을 알 수 있습니다. 전기렌지로 물 한 주전자를 데운다면, 백열전구와 마찬가지로 대부분의 전기 에너지가 공기 중으로 달아나 버립니다. 가스렌지는 불꽃이 조리용기의 표면을 감싸기 때문에 그보다는 약간 더 효율성이 높지만, 이 경우에도 많은 열이 손실됩니다.

그리고 주전자나 프라이팬의 경우, 디자인이 매우 중요합니다. 프라이팬이 얼마나 열을 잘 받아서 전달하는가를 한 번 보십시오. 그 주전자나 프라이팬이 열원과 직접 접촉하고 있는 부분이 몇 %나 되는지를 살펴보십시오. 또 가열되거나 냉각된 물이 소정의 온도에서 일정 시간 동안 유지되도록 단열 처리가 잘 되어 있는지 살펴보십시오. 얇은 스테인리스나 알루미늄, 유리로 만들어진 냄비, 프라이팬, 주전자 등은 대부분 이런 점에서 보면 취약하다고 할 수 있습니다.

아울러 어떤 렌지가 적합한지 선택할 때에는 그 렌지에 사용되는 연료를 고려해야 합니다. 천연가스는 대부분의 나라에서 발전용으로 쓰이는 석탄에 비해 온실가스 배출이 1/3정도 적습니다. 더구나 전기와 달리 천연가스는 생산되는 과정이나 가정으로 배달되는 과정에서도 에너지 손실이 적습니다. 그래서 대부분의 지역에서 천연가스는 가장 환경 친화적인 선택이라고 할 수 있습니다.

또한 통합적인 가열부품들을 갖춘, 즉 밀폐와 단열이 잘된 주방기구가 보통 에너지 효율성이 높습니다. 우리 식구들에게 밥과 차는 가장 필수적인 음식입니다. 밥솥은 꽤 많은 에너지, 약 650W 가량을 소비합니다. 그러나 전자렌지에 프라이팬으로 5컵 분량의 밥을 하는 데는 그 2배의 에너지를 소비합니다.

밀폐된 주전자는 물 끓이는 데 아주 안성맞춤입니다. 우리는 물을 끓이는 데 2ℓ들이 주전자 하나면 충분합니다. 이 주전자에는 단열이 아주 좋은 내부의 가열장치가 있고, 물이 한 번 끓고 난 후 보온상태를 유지해 주는 2중 온도조절장치를 갖추고 있습니다. 이 주전자는 한 번 물 끓이는 데 거의 900W를 소비하지만, 긴 시간 동안 보온상태를 유지합니다.

또 하나 이 주전자의 장점은 물을 끓임으로써 염소와 박테리아를 제거해 주기 때문에 생수를 사먹을 필요가 없다는 것입니다. 이렇게 물을 스스로 정수하면 그 물을 확실히 믿고 마실 수 있습니다. 많은 나라에서 가짜 생수가 문제가 되고 있습니다. 예를 들면, 북경에서 시판되는 생수를 분석해 보니 거의 절반이 제대로 위생처리가 되지 않은 수돗물이었다고 합니다.

그리고 상대적으로 효율성이 높은 가열기구 중 하나가 바로 전자렌지입니다. 전자렌지는 대체로 가스렌지나 전기오븐보다 효율성이 높습니다. 기존의 오븐들이 가지고 있는 문제점 중 하나는 조리하는 데 필요 이상으로 훨씬 큰 내부공간을 가지고 있다는 것입니다. 내부 공간이 크면 클수록 그걸 가열하는 데 더 많은 에너지가 필요합니다. 그리고 조리가 느리게 이루어질수록 조리시간이 더 길어져 상당히 많은 열이 유실됩니다. 게다가 전자오븐은 음식의 맛이나 신선도에 부정적인 영향을 주기도 합니다.

만약 당신이 오븐에 조리하는 음식과 같은 결과를 얻고 싶다면 소형 평면형 컨벡스 오븐을 써보시길 권합니다. 컨벡스 오븐은 조리공간 전체에 가열된 공기를 고루 공급하는 팬을 가지고 있습니다. 그래서 조리 시간이 훨씬 단축되고 음식이 골고루 잘 조리됩니다. 그리고 반드시 단열이 잘 된 오븐을 구입하십시오. 단열성이 좋을수록 오븐의 벽에 발산되는 열이 적어집니다.

그런데 두 손과 식칼 한 개만 잘 쓰면 됐지 이런 모든 전자주방기기들이 정말 필요한 걸까요? 당신은 주스 메이커나 전기 병따개 없이도 사실 잘 살 수 있습니다. 마지막으로 제가 당신에게 사용하지 말도록 강력히 권고하는 품목이 있습니다. 그것은 바로 식기세척기입니다. 오랫동안 당신은 그것 없이도 잘 지내왔습니다.

식기세척기는 대부분 사용 전에 컵이나 포크, 스푼 등을 미리 헹구도록 요구합니다. 그리고 식기세척기는 보통 고온고압의 물을 분사해 세척하는데, 때로는 그 압력이 너무 세서 유리로 된 식기에 금이 갈 수도 있습니다. 식기세척기는 보통 매년 156kg의 이산화탄소를 대기 중에 방출합니다.

싱크대에서 손으로 설거지를 하는 데도 물론 물을 사용합니다. 따라서 에너지와 물을 정말 절약하려 한다면, 사용하는 물의 양을 조절하는 것이 중요합니다. 대부분의 수도꼭지가 분당 9.5ℓ~11ℓ의 물을 분사하니 유량을 조절하는 레버를 장착한 분당 5.5ℓ의 회전식 에어레이터_{수도꼭지 끝에 끼우는 노즐} 설치를 고려해 보십시오. 또 정말 물 사용량을 조절하고자 한다면, 싱크대 왼쪽 칸에는 따뜻한 물에 세정제를 풀어 담아 두고 오른 칸에는 헹굴 때 쓸 찬 물을 담아 둔 채 설거지를 하십시오.

당신이 이런 작은 변경사항들을 콤팩트 형광등 조명으로 전면교체하는 것과 연계해서 시행한다면, 주방에서 이산화탄소 배출을 27% _{충분히 동메달 수준은 되는} 가량 그리고 전기요금을 215,000원 가량 줄일 수 있습니다.

5. 욕실

최근 들어 정말 크게 변화된 생활공간이 욕실입니다. 이제 욕실은 더 이상 대소변을 보는 장소가 아니라, 호화로움과 휴식을 위한 진열장이 되었습니다. 옛날에는 세라믹 타일을 썼지만, 이제는 이태리 대리석으로 바뀌었고, 화강암 욕조와 그에 맞는 남녀공용 세면대가 잘 갖추어져 있습니다. 게다가 샤워기가 두 개씩 있는 곳도 흔합니다. 이런 대형 욕실들은 대개 거기에 걸맞게 큰 변기를 갖추고 있는데, 구세대들의 주거형태에서는 대개 침실마다 각각 따로 한 개씩 갖추는 게 일반적이었습니다.

그러나 나는 우리 표본가구가 아직은 목욕과 치장의 공간으로서 그런 사치스러운 수준까지는 도달하지 않았다고 생각합니다. 그러나 다운로드를 받을 수 있는 '종합반 과정 워크시트'에서는 www.climatediet.com/table.asp 당신이 원하는 품목들을 마음대로 추가해 볼 수 있습니다.

예컨대, 대형 공기방울 욕조라든가 온돌식 바닥이라든가 거대한 장식을 한 조명 등 당신이 에너지 사용을 추적하고 싶은 품목들은 무엇이든 추가할 수 있습니다. 이를 통해 당신은 에너지 사용에 있어 두 개의 동일한 욕실이 어떤 차이를 보이는지 분석할 수 있을 것입니다.

우리가 몸을 단장하는 데 사용하는 전기기기들은 대부분 비교적 전기를 적게 쓰는 편입니다. 다만 한 가지 예외가 있는데, 악명 높은 헤어드라이어가 바로 그것입니다. 일반적인 헤어드라이어 한 대는 일 년에 약 63~68kg의 이산화탄소를 배출합니다.

이런 제안을 하는 것이 약간은 무리일지 모르겠지만, 현대 기술의 작은 경이인 헤어드라이어를 사용하지 않고 지내는 것은 어떨까요? 당신이 아주 다습한 기후에서 사는 것이 아니라면, 머리칼은 그대로 놔두어도 몇 분이면 저절로 마를 것입니다.

욕실은 주방과 마찬가지로 온수 사용을 통제하지 않으면, 정말 많은 돈을 삼켜 버릴 수 있습니다. 물 절약은 항상 중요하지만, 특히 상습적인 가뭄지대나 건조지대에서는 더욱 그러합니다. 그리고 당신이 화석연료로 물을 데울 때마다 기후변화에 영향을 줍니다.

샤워기나 싱크대의 수도꼭지는 에너지를 잡아먹는 가장 큰 주범입니다. 보통의 샤워기는 분당 11.36ℓ의 온수를 사용합니다 우리나라에서는 분당 12ℓ가 보통입니다. 싱크대 수도꼭지는 보통 분당 9.5ℓ의 물을 사용합니다. 이것은 완전히 불필요한 낭비입니다. 단돈 몇 천 원이면 당신은 분당 5.5ℓ의 수도꼭지를 구입할 수 있는데우리나라에서는 분당 6ℓ가 일반적임, 결과는 항상 똑같습니다. 주로 손을 씻는 데 사용하는 수도꼭지의 경우에는 에너지와 물 절약을 위해서 분당 1.7ℓ의 에어레이터를

표 4-6 | 욕실 구역 워크시트

전기 사용 기구	현재 소비량 및 발생량(연간)		목표 소비량 및 발생량(연간)		
	kWh	CO_2(kg)	kWh/년	CO_2(kg)	CO_2 감축율
욕실A 구역					
헤어 아이런	5.40	2.38	5.40	2.38	0%
전동 칫솔	0.00	0.00	0.00	0.00	0%
헤어드라이어	105.30	46.33	0.00	0.00	100%
전기 면도기	0.00	0.00	0.00	0.00	0%
환기 팬	42.10	18.52	42.10	18.52	0%
공기청정기	35.10	15.44	35.10	15.44	0%
부분합	187.90	82.68	82.60	36.34	56%
욕실B 구역					
헤어 아이런	5.40	2.38	5.40	2.38	0%
전동 칫솔	0.00	0.00	0.00	0.00	0%
헤어드라이어	105.30	46.33	0.00	0.00	100%
환기 팬	42.10	18.52	42.10	18.52	0%
부분합	152.80	67.23	47.50	20.90	69%
조명기구: 백열등(W)					
40W (6개)	168.50	74.14	42.10	18.52	75%
100W (4개)	280.80	123.55	81.40	35.82	71%
부분합	449.30	197.69	123.60	54.38	73%
총합계	790.00	347.60	253.70	111.63	68%
비용비교					
현재 비용(₩)	135564				
목표 비용(₩)	43535		₩/kWh	171.6	
총 절약액(₩)	92029				

설치하는 것도 좋습니다.

변기는 뜨거운 물을 사용하지는 않지만 물 낭비의 주범입니다. 한 번 물을 내리는 데 보통 11.5ℓ~15ℓ의 물을 사용합니다. 당신은 수백 달러만 투자하면 이중 수세식 변기를 구입할 수 있는데, 이것은 물 사용량을 2/3나 줄여 줍니다.

미국에서 변기의 표준gold standard은 6ℓ짜리입니다. 반면 유럽연합에서는 4ℓ짜리와 2ℓ짜리 변기가 광범하게 사용되고 있습니다우리나라는 변기의 표준이 13ℓ 임. 만일 당신이 지금 사용하는 변기를 그대로 쓰면서 비용을 절약하고 싶다면, 풍선에 물을 채워 변기의 물탱크에 넣어 두기만 해도 물 사용을 많이 줄일 수 있습니다. 넣은 부피만큼 공간이 줄어들기 때문에 물탱크가 그만큼 빨리 채워집니다.

또한 현대사회에서는 생수에 대한 수요도 엄청납니다. 미국에서는 1인당 평균 사용량이 1일 407ℓ, 1년 148,000ℓ를 넘습니다. 데우지 않은 물도 온실가스를 배출한다는 사실을 알아야 합니다. 물을 탐사하고 저장하고 유통시키고 재활용하는 것 자체가 땅의 이용에 영향을 미치고 에너지가 소비됩니다. 물 사용이 기후변화에 미치는 영향은 공간적, 기후적, 기술적, 지리적 요소들에 따라 큰 차이를 보입니다.

그럼 한 가지 사례를 들어 볼까요? 호주의 한 연구에 의하면, 소비자에게 공급되는 물 100,000ℓ당 240kg의 이산화탄소가 발생하는 것으로 추산되었으며 또 물을 정수하는 시스템을 유지하는 데 추가로 매년 130kg의 이산화탄소가 발생하는 것으로 추산되었습니다. 이 둘을 합치면 100,000 ℓ 당 370kg이 됩니다. 거기에다 미국의 4인 가족을 기준으로 치면 1,500kg의 이산화탄소를 배출하는 셈이 됩니다. 그러나 다행히도 호주인의 물 사용량은 미국인의 약 절반 수준입니다.

지금까지 제시한 세부적인 제안사항을 따르고 거기에 지금 사용하는 백열등을 콤팩트 형광등이나 같은 계통의 등으로 바꾸기만 하면, 당신은 물과 관련이 없는 전기사용량을 68% 가량, 전기요금을 92,000원 가량 줄임으로써 은메달을 받을 수 있습니다.

6. 세탁실/다용도실

앞에서 든 욕실의 사례는 다음 주제인 세탁과 건조 그리고 온수에도 그대로 적용됩니다. 필자는 앞에서 주방에서 물을 데우는 비용이 상당히 크다는 사실을 지적했습니다. 그러나 그 비용은 매년 가정용 온수기에 사용하는 수만 ℓ의 온수에 비하면 아무것도 아닙니다. 우리 표본가구에서 사용하는 온수기는 지구 온난화에 기여하는 부분에서 두 번째로 높습니다. 일반적인 고효율의 190ℓ짜리 온수기는 1년에 약 2,951kg의 이산화탄소를 배출합니다.

헤어드라이어나 표준형 전선을 쓰는 전자렌지가 그렇듯이 대중용 온수기는 최근 몇 년 동안 크게 변하지 않았습니다. 그러나 우리가 이런 구식 기술과 온수를 사용하는 방법을 조금만 개선한다면, 대기에 큰 도움을 줄 수 있습니다. 그러기 위해 우리가 할 수 있는 가장 쉬운 첫걸음은 가열온도를 낮추는 것입니다. 에너지 스타 제품의 에너지 사용표는 1년 365일 동안 변함없이 60℃로 가동되는 온수기를 기준으로 하고 있습니다.

이 기준대로 가동하는 것은 필요하지도 않고 바람직하지도 않습니다. 당신이 설사 환경을 배려하지 않는다 하더라도 말입니다. 이렇게 뜨거운 물은 오히려 세탁하는 옷감에 손상을 줍니다. 그리고 60℃ 정도의 물은 살균효과나 방부효과도 크지 않습니다. 우리는 손을 씻거나 설거지를 하거나 세탁을 할 때, 대개 이물질을 제거하는 비누나 세제를 사용합니다.

그러나 박테리아를 없앨 수 있는 가장 좋은 방법은 옷을 햇볕에 몇 시간 동안 널어놓는 것입니다. 이 방법이야말로 세탁과 건조에 드는 에너지를 줄여 줍니다. 현재 시판되는 세제들 중 많은 제품들이 찬물용으로 나오고 있습니다. 그 중 하나를 골라 사용해 보고 그 효과를 확인해 보십시오. 혹은 온수기 온도를 40℃ 이하로 조정해 보십시오. 그래도 그 온수기는 당신이 생활하는 데 충분한 따뜻한 물을 공급해 줄 것입니다.

온수기에 관한 또 하나 슬픈 사실은 물에 담겨 있는 열 가운데 많은 부분이 미처 사용하기도 전에 사라진다는 것입니다. 이것을 바로 '대기 손실standby loss'이라고 합니다. 당신은 대부분 아침에 잠깐 뜨거운 물을 사용할 뿐 저녁때까지 물을 쓰지는 않습니다. 그런데 이렇게 쓰지 않는 시간에도 열은 흔적도 없이 방출됩니다. 물탱크의 벽체가 단열이 제대로 되어 있지 않은 데다 배관 파이프 역시 단열이 형편없기 때문입니다.

이 문제를 해결하는 한 가지 방법은 물탱크가 없는 온수기를 사는 것입니다. 아시아와 유럽의 일부에서 통용되는 이 온수기는 필요할 때만 물을 데울 수 있습니다. 그러나 이 온수기의 단점은 기존 온수기에 비해 가격이 훨씬 비싸다는 것입니다. 또 하나의 저렴한 대안은 온수기와 노출된 배관 파이프를 조립식 단열랩으로 싸는 것입니다.

물론 우리는 단순히 물 사용을 줄이는 것만으로도 온수에 드는 비용을 줄일 수 있습니다. 물탱크를 소형으로 바꾸는 것도 당신 가족들로 하여금 온수의 가치를 알게 하고, 또 사용하지 않는 시간의 에너지 낭비를 줄일 수 있게 합니다. 대부분의 유럽인들은 북미 사람들보다 훨씬 작은 물탱크를 사용합니다.

이제는 욕조에 물을 받아 목욕하지 말고 대신에 5분간 샤워하는 쪽

표 4-7 | 세탁 및 다용도실 구역 워크시트

전기 사용 기구	현재 소비량 및 발생량(연간)		목표 소비량 및 발생량(연간)		
	kWh	CO_2(kg)	kWh	CO_2(kg)	CO_2 감축율
세탁 및 다용도실 구역					
세탁기	529.20	232.85	235.20	103.49	56%
건조기	885.90	389.80	885.90	389.80	0%
온수(189L)	4818.00	2119.92	3212.00	1413.28	33%
진공청소기 (핸디형)	3.20	1.41	3.20	1.41	0%
진공청소기 (직립형)	27.40	12.06	27.40	12.06	0%
다리미	50.50	22.22	37.90	16.68	25%
공기청정기	35.10	15.44	35.10	15.44	0%
부분합	6,349.30	2,793.69	4,436.70	1,952.15	30%
조명기구: 백열등(W)					
100W(2개)	280.80	123.55	81.40	35.82	71%
부분합	280.80	123.55	81.40	35.82	71%
총합계	6,630.10	2,917.24	4,518.10	1,987.96	32%
비용비교					
현재 비용(₩)	1,137,725				
목표 비용(₩)	775,306		₩/kWh		171.6
총 절약액(₩)	362,419				

온수기 온도를 60℃에서 33% 낮춘 것도 계산에 포함되었음.

을 선택하십시오. 그리고 세탁기를 꽉 채울 수 있을 만큼 세탁물이 모일 때까지 기다리십시오. 아울러 소형 수도꼭지나 소형 샤워헤드를 집 안에 설치하십시오. 〈표 4-7〉은 세탁실/다용도실 구역에서 줄일 수 있는 몇 가지 가능한 제안들을 제공하고 있습니다.

아울러 이 책 전반에 흐르는 환경보존 정신을 유지하는 가운데 우리 표본가구에 한 가지 물건, 즉 신형 세탁기 구입을 추천하고 싶습니다. 전면 투입형 세탁기는 에너지나 물 사용 면에서 훨씬 효율적이어서 그냥 지나칠 수 없습니다.

대표적인 에너지 스타 모델은 1회 투입당 0.6kWh를 소비하는 데 비해 기존의 상부 투입형 모델은 1.35kWh를 소비합니다. 물론 그 세탁기가 5년 이상 되었다면, 그 이상을 소비할 것입니다. 대리점들은 대부분 고효율 제품으로 교환해 주는 프로그램을 시행하고 있습니다. 따뜻한 계절에는 건조하는 데 햇볕을 이용하는 방법을 생각해 보십시오. 272kg 이상의 온실가스가 줄어듭니다.

그리고 궂은 날이나 추운 계절에는 실내에서 말리되 가능하면 히터나 에어컨 근처 혹은 환기구 근처나 잘 마를 수 있는 곳에서 말리십시오. 다림질을 할 때 다리미 온도를 낮추거나, 다림질을 할 필요가 없는 옷을 구입하는 것만으로도 당신은 25%의 온실가스 배출을 줄일 수 있습니다. 끝으로 전구를 바꾸는 것을 절대로 잊지 마십시오.

당신이 앞에서 말한 변경사항을 실행한다면, 당신은 표본가구에서 이산화탄소 배출을 32% 가량, 에너지 비용을 36만 원 가량 줄임으로써 동메달을 따게 됩니다.

• 모델하우스 실내공간에서의 변경사항

01| 모든 백열등을 콤팩트 형광등(CFL)으로 교체하십시오.

02| 새로운 천정 선풍기를 설치하십시오.(침실1)

03| 히터를 없애고 전기담요로 대체하십시오.(침실2)

04| 새로운 에너지 스타 LCD 모니터를 구입하십시오.(서재)

05| 새로운 에너지 스타 프린터를 구입하십시오.(서재)

06| 가정용 복사기 사용을 중단하십시오.(서재)

07| 솔라튜브로 된 조명장치를 설치하십시오.(거실/식당)

08| 주스 메이커와 전기 병따개의 사용을 중단하십시오.(주방)

09| 식기세척기 사용을 중단하십시오.(주방)

10| 헤어드라이어 사용을 중단하십시오.(욕실)

11| 전면 투입형 세탁기를 구입하십시오.(세탁실/다용도실)

12| 욕조목욕 대신 짧게 샤워를 함으로써 물 사용을 줄이십시오.(세탁실/다용도실)

13| 열손실을 최소화할 수 있도록 히터의 물탱크와 배관을 단열재로 감싸주십시오.(세탁실/다용도실)

14| 온수기의 온도를 60°C에서 40°C로 낮추십시오.(세탁실/다용도실)

15| 세탁하는 데 온수를 사용하지 않는 방법을 고려하십시오.(세탁실/다용도실)

16| 가능하면 세탁물을 자연건조하십시오.(세탁실/다용도실)

• 좀 더 절약하려면

01| 좀 더 작은 집에서 살도록 하십시오.

02| 공기를 집 안 구석구석 고루 보낼 수 있도록 실내에서는 선풍기를 사용하십시오.

03| TV 시청을 줄이고, 남는 시간과 에너지를 인생의 보다 중요한 일에 투자하십시오.

04| 가능하면 항상 고효율 사무기기를 구입하십시오.

05| 애완동물을 키울 때는 기후변화에 대한 영향을 항상 염두하십시오.

06| 햇빛을 최대한 받아들일 수 있도록 거실/식당을 설계하십시오.

07| 거실/식당에서 사용하지 않는 공간은 어둡게, 많이 사용하는 공간은 밝게 조명을 설계하십시오.

08| 주방/다용도실에 천연가스기기들을 사용할 수 있도록 천연가스 배관을 설치하십시오.

09| 요리할 때 열전달을 극대화하고, 열손실을 극소화할 수 있는 고효율 밥솥을 사용하십시오.

10| 불필요한 소형 전기기기를 없애십시오.

11| 부엌에 절약형 에어레이터를 설치하고, 욕실에 소구경 수도꼭지와 샤워헤드를 설치하십시오.

12| 절약형 이중 수세식 변기를 설치하십시오.

적절한 균형 찾기: 난방, 냉방, 집 밖의 공간들

01 냉난방의 기본 지식

02 적정온도 찾기

03 원하는 곳에 냉난방 공기 유지하기

04 에너지 고효율 시스템 구입하기

05 냉방

06 실외공간 관리

07 자연과 어울리기

08 기타 기후 친화적 리모델링 제안

09 결론

- 실행 팁

01_ 냉난방의 기본 지식

　가정의 온실가스 배출과 관련해서 보면 난방과 냉방이 거의 최고를 차지한다고 할 수 있습니다. 어디에 사느냐에 따라서 차이가 있겠지만 냉난방은 교통부분을 제외한다면, 전체 온실가스 배출의 30~60%를 차지합니다.

　사실 냉난방은 대단히 복잡한 요소를 지니고 있습니다. 건물의 크기, 건물 디자인과 건축 재료, 건축 연도, 외부적 기후요소, 개인적 취향 등 수많은 요소들이 공기의 온도 조절에 영향을 미치기 때문입니다. 하지만 이를 단순화하면, 이 문제는 다음과 같이 3부분으로 나눌 수 있습니다.

1. **적정온도 찾기(비용없음)**
2. **당신이 원하는 곳에 냉난방 공기 공급하기(저비용)**
3. **에너지 고효율 시스템 구매하기(높은 초기 투자비용이 필요하나 장기적으로는 이익증대)**

　우리의 표본가구은 처음부터 2006년 미국/캐나다의 최소 효율 표준에 맞춰 80%의 열효율을 갖는 공기 주입형 천연가스 난방 보일러를 설치하였습니다. 이 열효율 수준은 60%에서 70% 사이인 대부분 나라들의 최근 평균 설치효율을 초과하는 것입니다. 반면에 우리 표본가구은 수십 년 전에 지어져서 벽, 창, 단열과 그 밖의 보온장치들이 새 건물 기준에 미달한 상태입니다.

02_ 적정온도 찾기

적정온도 찾기는 매우 주관적인 과정입니다. 대부분의 미국인들에게는 22℃가 표준입니다. 하지만 겨울철에 온도조절기를 이렇게 높게 맞추고 있는 일본인은 거의 없습니다. 게다가 일본인들은 대부분 중앙난방장치조차 갖추고 있지 않습니다. 1970년대 이후 미국정부는 모든 시민들에게 겨울철 실내온도를 20℃로, 그리고 외출 시에는 그 이하로 조절할 것을 권고했습니다. 하지만 이를 받아들인 사람은 극소수에 지나지 않았습니다.

그렇다면 도대체 이 몇 도의 차이가 무슨 문제가 될까요? 우리 표본가구에서는 낮의 실내온도를 22℃에서 21℃로, 밤의 실내온도를 20℃에서 19℃로 낮추게 되면 이산화탄소 배출량을 매년 10% 가까이 절감할 수 있습니다. 실내온도를 추가로 2℃를 낮추면 배출량은 추가로 10% 줄어듭니다.

당신은 100달러 미만의 투자로 자신이 원하는 대로 실내온도를 자동으로 변화시켜 주는 온도조절기를 살 수 있는데, 이것만으로도 이산화탄소 배출을 16%나 더 줄일 수 있습니다. 제가 보기엔 이것은 수지맞는 장사입니다. 만약 아직 좀 춥다고 느껴진다면 스웨터를 겹쳐 입으시면 됩니다.

그리고 끝으로 당신은 집 안 전체에 난방을 가동할 것인지 아니면 한두 개의 방이면 충분할 것인지 생각해볼 필요가 있습니다. 이것은 물론 오타와나 헬싱키와 같이 추운 곳이라면 좀 어려운 일이겠지만, 겨울에 얼음이 거의 얼지 않는 곳에서 산다면 충분히 고려해 볼 수 있는 일입니다.

03_ 원하는 곳에 냉난방 공기 유지하기

에너지 절약을 다룬 책이나 매뉴얼에서는 대부분 에너지 사용을 줄이는 가장 좋은 방법으로 지금 당장 달려 나가 최신 기술로 된 제품을 사야 한다고 말합니다. 시장에 가보면 옛날 제품보다 실질적으로 에너지를 절약하는 데 있어 훨씬 뛰어난 기능을 가진 초고효율 히터나 냉방기기를 볼 수 있습니다.

그러나 최신 기술로 만들어진 제품을 사기 전에 우선 집이나 아파트 내의 생활공간에서 냉난방이 된 공기를 효과적으로 유지할 수 있는가를 확인할 필요가 있습니다. 만일 당신 집이 창호상태가 허술해 바람이 숭숭 들어오는 집이라면, 최고급의 난방설비라도 아무 소용이 없기 때문입니다.

당신이 느낄 수는 없겠지만 산소, 이산화탄소, 질소, 그리고 그 밖에 많은 가스와 수증기가 집 구석구석을 끊임없이 흘러 다니고 있습니다. 환기구는 깨끗한 공기가 들어오게 하고 해로운 가스가 빠져 나가게 하는 데 필요합니다. 효과적인 공기 조절 및 교환 시스템을 가지는 것은 보다 안전하고 환경 친화적인 집을 만드는 데 있어 아주 중요한 요소입니다. 이 시스템에는 지하의 벽과 마루, 위층의 벽과 지붕, 문, 창문 등도 포함됩니다.

일반적인 법칙에 따르면, 온도차가 있는 곳에서 열은 따뜻한 지역에서 찬 지역으로 이동합니다. 그리고 그 열은 위, 아래, 옆과 같이 어느 방향으로든 이동할 수 있습니다. 그래서 건물 바깥 면 중에서도 특히 가장 열이 잘 빠져나갈 수 있는 곳, 즉 허술하게 단열 처리된 벽, 창문, 천장, 마루, 바닥 등에서 막대한 에너지가 손실됩니다.

공기의 유입과 유출은 1차적으로는 공기침투의 문제, 즉 건물 안팎으로 움직이는 공기의 실제적 흐름에 따른 문제입니다. 허술한 단열은 건물 표면을 통해 전도열과 복사열의 손실을 가져옵니다. 그리고 바람이나 실내온도의 차이 혹은 연소나 환기 등으로 인한 공기압의 변화로 내부의 공기를 밖으로 밀어낼 수 있습니다. 또 습도가 높으면 창문에 이슬이 맺히거나 성에가 생겨 열손실을 가져올 수 있습니다.

그래서 보다 따뜻한 집을 만드는 데 있어 최대 관건은 무엇보다도 데워진 공기는 잡아 두고 밖의 찬 공기는 들어올 수 없도록 건물 외벽을 잘 밀봉하는 데 있습니다. 이런 목적에 적합한 가장 좋은 방법으로는 벽, 천장, 창문, 복도 등의 단열성, 또는 열저항치R-치을 높이는 것입니다.

열저항치는 건축자재의 단열성, 즉 전도, 복사, 열 저항을 의미하는 데, 그 값이 높을수록 좋습니다. 우리의 표본가구처럼 비교적 오래된 집들은 보통 단열이 잘 되지 않습니다. 우리가 이사했던 40년 된 머서 아일랜드의 집은 벽의 단열이 전혀 되지 않았고, 지하층도 너무 추워 겨울에는 사용할 수 없을 정도였습니다. 더구나 밖으로 튀어나온 커다란 창은 단열이 안 된 벽보다도 더 낮은 열저항치를 보여주었습니다. 게다가 문 바닥에 덧대는 도어 스위프door sweeps도 없는데다 창호도 허술하고 문에 구멍까지 있어 더 문제였습니다.

우리는 그 상황에서 'LEEDLeadership in Energy and Environmental Design: 에너지와 환경설계 리더십 인증'을 받은 사업자를 불렀습니다. 그는 새로 창을 만들고 문을 개조하는 데 수천 달러가 든다고 했습니다. 건축자재를 파는 곳에 가면 열저항치가 높은 창문을 볼 수 있는데, 주석이 도금된 이중 창문에서 삼중 저방열/아르곤 가스 충진 창문에 이르기까지 다양한 제품들이 있습니다.

그런데 우리는 그보다 훨씬 더 적절한 대안을 찾게 되었습니다. 단열을 위해 벽에 약 1,300달러를 들여 두께를 두 배로 늘리고, 도어 스위프를 설치하고, 모든 창문 틈새는 코킹을 했으며, 모든 출입문에는 스티로폼 띠를 붙여 열이 빠져나가지 못하게 막았습니다. 그러자 난방비가 15%나 떨어졌습니다.

출입문과 창문 이외에도 집에서 따뜻한 공기가 새어 나갈 수 있는 길은 사실 수없이 많습니다. 그 중 가장 일반적인 틈새지역은 다음과 같습니다.

• 싱크대와 욕조 아래

- **파이프와 닥트 주변**

- **벽과 바닥 사이의 깨진 틈**

- **벽난로의 바람문과 벽**

- **조명장치, 환풍기, 전기 콘센트 주변**

- **배선 또는 배관을 위해 내놓은 구멍**

- **다락방처럼 난방하지 않는 공간에 나 있는 문이나 쪽문**

- **차고 문 주변**

그렇다면 어느 정도로 단열이나 테이프 밀봉이 필요할까요? 그것은 순전히 당신이 어디에 사느냐에 달려 있습니다. 우리나라에서는 미국이나 캐나다와 달리 열관류율U-치이라는 기준을 사용합니다. 이는 단위면적의 재료벽, 바닥, 창문 등를 통과하는 열량을 말합니다. 즉, 면적 $1㎡$인 구조체를 사이에 두고 온도차가 1℃일 때 구조체를 통한 열류를 W로 측정한 것으로 단위는 $W/㎡℃$가 됩니다. 이는 바로 열저항치R-치의 역수와 같습니다.

그러나 좋은 것도 지나치면 오히려 해가 될 수 있습니다. 지나칠 정도로 '완벽하게 밀폐된' 집은 공기의 흐름을 차단하여 라돈이나 일산화탄소와 같은 유독가스의 생성을 불러올 수 있습니다. 이것을 방지하기 위해서는 완벽하게 밀폐된 집의 경우, 집 안팎의 공기흐름을 원활하게 해주는 성능 좋은 공기 열교환기주기적으로 건물 내부의 공기를 빼내 주는 환풍기를 설치하시는 게 좋습니다.

〈표 5-1〉은 우리나라의 건축법 상 단열기준을 나타낸 열관류율을 보여주고 있습니다.

표 5-1 | 지역별 건축물 부위의 열관류율표(제21조 관련)

(단위: W/m²K, 괄호안은 kcal/m²h℃)

건축물의 부위			중부지역	남부지역	제주도
거실의 외벽	외기에 직접 면하는 경우		0.40 이하 (0.40) 이하	0.58 이하 (0.50) 이하	0.76 이하 (0.65) 이하
	외기에 간접 면하는 경우		0.64 이하 (0.55) 이하	0.81 이하 (0.70) 이하	1.10 이하 (0.95) 이하
최하층에 있는 거실의 바닥	외기에 직접 면하는 경우	바닥난방인 경우	0.35 이하 (0.30) 이하	0.41 이하 (0.35) 이하	0.47 이하 (0.40) 이하
		바닥난방이 아닌 경우	0.41 이하 (0.35) 이하	0.47 이하 (0.40) 이하	0.52 이하 (0.45) 이하
	외기에 간접 면하는 경우	바닥난방인 경우	0.52 이하 (0.45) 이하	0.58 이하 (0.50) 이하	0.64 이하 (0.55) 이하
		바닥난방이 아닌 경우	0.58 이하 (0.50) 이하	0.64 이하 (0.55) 이하	0.76 이하 (0.65) 이하
최상층에 있는 거실의 반자 또는 지붕	외기에 직접 면하는 경우		0.29 이하 (0.25) 이하	0.35 이하 (0.30) 이하	0.41 이하 (0.35) 이하
	외기에 간접 면하는 경우		0.41 이하 (0.35) 이하	0.52 이하 (0.45) 이하	0.58 이하 (0.50) 이하
공동주택의 측벽			0.35 이하 (0.30) 이하	0.47 이하 (0.40) 이하	0.58 이하 (0.50) 이하
공동주택의 층간 바닥	바닥난방인 경우		0.81 이하 (0.70) 이하	0.81 이하 (0.70) 이하	0.81 이하 (0.70) 이하
	기타		1.16 이하 (1.00) 이하	1.16 이하 (1.00) 이하	1.16 이하 (1.00) 이하
창 및 문	외기에 직접 면하는 경우		3.84 이하 (3.30) 이하	4.19 이하 (3.60) 이하	5.23 이하 (4.50) 이하
	외기에 간접 면하는 경우		5.47 이하 (4.70) 이하	6.05 이하 (5.20) 이하	7.56 이하 (6.50) 이하

1. 중부지역: 서울특별시, 인천광역시, 경기도, 강원도(강릉시, 동해시, 속초시, 삼척시, 고성군, 양양군 제외) 충청북도(영동군 제외), 충청남도(천안시), 경상북도(청송군)
2. 남부지역: 부산광역시, 대구광역시, 광주광역시, 대전광역시, 울산광역시, 강원도(강릉시, 동해시, 속초시, 삼척시, 고성군, 양양군), 충청북도(영동군), 충청남도(천안시 제외), 전라북도, 전라남도, 경상북도(청송군 제외), 경상남도

04_ 에너지 고효율 시스템 구입하기

〈표 5-2〉는 열효율 80%의 가스보일러를 90%짜리 에너지 스타 제품으로 바꿨을 때 얻을 수 있는 효과를 보여주고 있습니다. 연간 120일 동안 하루 10시간씩 보일러를 가동한다고 가정했을 때 가스, 등유, LPG, 전기 등 사용하는 연료에 따라 어떤 효과가 있는지 비교해 보았습니다. 이는 32평 이하의 가정에 적용되는 16,000Kcal/h급의 보일러를 대상으로 하였습니다.

고효율 가스보일러의 경우 설치비가 보통 제품에 비해 20~30만 원가량 비싸긴 하나 온실가스를 연간 453kg이나 줄일 수 있고 운영비도 가장 저렴하므로 가장 바람직한 선택임을 보여주고 있습니다. 등유나 전기의 경우에는 온실가스 발생량도 많고 비용도 높아 우리의 표본가구에서는 바람직한 선택이라고 볼 수 없겠습니다. 프로판가스LPG 보일

표 5-2 | 난방 구역 비교

16,000Kcal/h 보일러	현재 소비량 및 발생량(연간)			목표 소비량 및 발생량(연간)			CO$_2$ 감축량
	저효율 제품 AFUE (80%)			고효율제품 AFUE* (90%)			
	연료 사용량	비용(₩)	CO$_2$/yr	연료 사용량	비용(₩)	CO$_2$/yr	
	년	년	(kg)	년	년	년	(kg)
도시가스(N㎥)	1,829	859,654	4,079	1,626	764,137	3,626	453
LPG(kg)	1,609	1,770,401	4,900	1,431	1,573,690	4,355	544
보일러등유(L)	2,167	2,383,613	5,287	1,926	2,118,767	4,700	587
전기(kWh)	22,330	3,831,759	9,825	19,849	3,406,008	8,733	1,092

주) 1. * 연간 연료이용 효율성 (Annual Fuel Utilization Efficiency)
  2. 연간 96일 1일 10시간 가동을 전제로 계산
  3. 가스요금은 470원/N㎥, 보일러등유는 1100원/리터, LPG는 1100/kg, 전기료는 171.6/kWh를 기준
  4. 내후성(weatherproofing-대류에 의한 에너지 손실을 줄이는 정도) 조정: 건물에 내후성 시설이 약간 되어 있으면 목표 탄소 발생량에서 10%를 차감하고, 내후성 시설이 잘 되어 있으면 20% 차감. 실내 온도 1℃ 내릴 때마다 현재 탄소 발생량에서 7%를 차감함. 자동온도조절기를 설치한 경우, 16% 차감.

러는 도시가스가 공급되지 않는 지역에서 택할 수 있는 대안입니다.

그 밖에 좀 더 고가의 기술들, 예컨대 공기나 지열 히트펌프 등은 온실가스 배출을 좀 더 절감시킬 수 있습니다. 아울러 이보다 좀 더 절감하고 싶다면, 모든 난방닥트가 새지 못하도록 잘 밀봉하고 보일러를 정기적으로 점검·보수하면 됩니다.

마지막으로 〈표 5-2〉는 같은 크기의 집을 난방하는 데 있어 가스가 석유보다 이산화탄소 배출이 적다는 사실을 보여 줍니다. 따라서 당신이 오래된 기름보일러를 새것으로 바꾸고자 한다면, 가스보일러를 신중히 고려해 볼 필요가 있습니다.

05_ 냉방

적도 근처에서 사는 사람들에게 있어 가장 큰 관심사는 냉방문제일 것입니다. 냉방에도 난방과 같은 규칙이 적용됩니다. 먼저 당신은 어느 정도 시원하면 될지 결정해야 합니다. 낮 시간 동안 냉방온도를 22°C에서 24°C로 올리면 실질적으로 이산화탄소 배출을 상당히 줄일 수 있습니다. 그리고 집에 빈틈이 없도록 단열을 하면 서늘한 공기는 집 안에 두고, 더운 공기는 집 밖으로 내보낼 수 있습니다.

또 당신은 집에 정말 중앙 집중식 냉방이 필요한지 아니면 방 한두 개만 냉방하면 충분한지 판단해야 합니다. 만일 후자의 경우라면 방 한두 개만 냉방할 수 있는 에어컨을 설치하는 것이 기후 친화적 선택이 될 것입니다.

에어컨의 효율은 냉방능력W를 냉방소비전력W로 나눈 값입니다. 우리나라에서는 에어컨의 효율에 따라 소비효율 등급을 부여하고 있는데, 정격냉방능력 4kw미만의 분리형 일반제품인 경우 1등급은 효율이 4.36 이상으로 대기전력이 1.0W 이하여야 하고 가장 효율이 낮은 5등급은 정격냉방능력에 따라 3.37~3.67 수준입니다.

우리 표본가구에서는 4,000W급 분리형 3대를 설치하는 경우와 12,000급 분리형 1대를 설치하는 경우를 각각 상정하겠습니다. 에너지 효율이 낮은 5등급의 경우, 배출하는 온실가스 총량은 475~491kg인데 비해 1등급의 경우에는 339~356kg입니다. 여기서 냉방온도를 1℃ 높이면 316~331kg으로 더욱 줄어듭니다.

일반적으로 남쪽지방으로 내려갈수록, 그리고 설정온도와 효율등

표 5-3 | 냉방 구역(Air-conditioning Zone)

도시	현재 소비량 및 발생량(연간)				목표 소비량 및 발생량(연간)			
	냉방시간 연간	kWh 연간	비용($) 연간	CO$_2$/년 (kg)	kWh 연간	비용($) 연간	CO$_2$/년 (kg)	CO$_2$ 감축량(kg)
에어컨(룸)	1등급(A)	5등급(B)	1등급(C)	5등급(D)				
냉방효율 (R)	4.2	2.9	4	3				
정격냉방능력(W)	4,000	4,000	12,000	12,000				
정격소비전력(W)	952	1,379	3,000	4,000				
설치 대수	3	3	1	1				
4000W 3대	270.00	1,117.24	191,718.62	491.59	771.43	132,377.14	339.43	152.16
12,000W 1대	270.00	1,080.00	185,328.00	475.20	810.00	138,996.00	356.40	118.80
실내온도 1℃ 높임								
4000W 3대	270.00	1,117.24	191,718.62	491.59	717.43	123,110.74	315.67	175.92
12,000W 1대	270.00	1,080.00	185,328.00	475.20	753.30	129,266.28	331.45	143.75

주) 1. 전기요금은 편의상 누진요금 적용하지 않고 다른 사례와 동일하게 \171.60/kWh를 적용
   2. 보통 3.3m^2 (1평)에 400Kcal(464W) 용량의 냉방기가 필요하나 현실적으로는 훨씬 적은 용량을 설치하는 현실을 감안하여 56평형 표본가구에 12,000W(10,000Kcal) 용량의 냉방기를 상정함.
   3. 설정온도 1℃ 상승하면 전력소비 7% 감소.
   4. 연간 90일, 1일 3시간 가동을 가정하였음.

급이 높을수록 이산화탄소 배출이 현저히 줄어든다는 점에 유의하십시오. 또한 에너지 효율이 높은 제품인 경우 1대의 대용량 냉방기보다 3대의 소용량 냉방기가 이산화탄소 배출이 적다는 점도 알아두기 바랍니다.

끝으로 말씀드릴 것은 난방 시스템과 마찬가지로 에너지 효율 1등급 제품을 사용하는 것만으로는 그 효율성이 금메달에 미치지 못한다는 것입니다. 현재는 대개 1등급인 냉방장치가 널리 통용되고 있지만, 정작 중요한 것은 '실제로 사용한 에너지 소비전력이 얼마인가' 하는 것입니다.

또한 좀 더 효율이 좋은 모델을 구입함으로써 비용과 이산화탄소 배출을 얼마나 절감할 수 있는가는 당신이 어디에 사는가와 당신의 집이 얼마나 단열이 잘 되어 있는가에 달려 있습니다. 그리고 난방 시스템의 경우와 마찬가지로 적당한 크기의 에어컨을 구입하는 것이 가장 중요합니다. 에어컨 크기에 관한 정보를 얻으려면 에어컨 제조업체의 안내책자를 체크해 보시기 바랍니다.

그와 함께 또 하나 고려해야 할 것이 습도입니다. 에어컨이 제공하는 또 하나의 서비스 중 하나가 바로 공기 중의 수분을 제거하는 것인데, 때로는 이것이 냉방 그 자체보다 더 중요한 경우도 있습니다. 에어컨 내부에 있는 건조장치가 이 기능을 수행하는데, 특히 상대적으로 후덥지근한 날씨에는 이 기능이 큰 힘을 발휘합니다.

그러나 종종 에어컨에 의존하는 것만으로는 충분하지 못할 때도 있습니다. 따라서 반드시 가습기를 끄고 실외의 이슬점온도가 15.5℃가 넘으면 창문을 닫아 두십시오. 그리고 샤워하는 시간을 줄이고, 식기세척기 사용을 피하며, 커피잔이나 실내 분수 등과 같은 습기 발생 원들은 잘 덮어 두기를 바랍니다.

만일 당신이 건조한 기후에서 산다면 증발장치나 증발식 냉방기 swamp coole[1]를 사용하면 에너지와 비용을 절감할 수 있습니다. 그러나 몇몇 연구에서 이런 증발식 냉방기가 건강에 여러 가지 문제를 발생시킬 수 있다고 했기 때문에 구입하기 전에 문제가 없는지 조사를 잘 해 보기 바랍니다.

만일 앞에서 제시한 난방10%의 온도 낮추기와 10%의 내후성 단열하기과 냉방10%의 온도 올리기을 실행한다면, 당신은 탄소발자국을 약 25~30% 가량 줄일 수 있고 에너지 요금을 약 20~50만 원 가량 줄일 수 있습니다. 이것은 집 안의 아주 작은 부분을 변화시킴으로써 확실하게 동메달을 얻을 수 있는 성적입니다.

06_ 실외공간 관리

마지막으로 그러나 대단히 중요한 한 가지, 즉 실외공간에서의 활동이 기후에 미치는 영향에 대해서 살펴보겠습니다. 앞에서도 말씀드렸지만 예전에는 많은 사람들이 집 안에서 했던 활동들을 이제는 마당, 바깥마루, 발코니 등과 같은 실외공간에서 점점 더 많이 하고 있는 현실입니다.

그중에서 대표적인 것이 식사입니다. 테라스에 비치하는 가구나

---

1. 외부의 공기를 물에 적셔진 특수한 패드에 통과시키는 냉방기로, 이 공기가 물이 증발하는 과정에서 차가워짐.

구이용 요리용품을 제조하는 기업들은 자사 제품에 대한 수요가 점점 늘어나는 것을 경험하고 있습니다. 실외에서 하는 요리의 인기가 높아지면서 어떤 집에서는 테라스에 주방시설을 만들기도 합니다. 그러나 불행히도 야외용 가스그릴이나 전기그릴은 실내용 그릴에 비해 비효율적입니다.

야외용 가스그릴 외에도 쓰지 말아야 할 또 하나의 가스/프로판 제품이 바로 야외용 히터Patio Heater입니다. 햇볕은 따사롭지만 아직 쌀쌀한 초봄, 이런 장치를 사용하여 선탠을 즐기고 싶은 생각이 들 수도 있을 것입니다. 그러나 그전에 보통의 야외용 히터가 시간당 연료 소모량이 무려 40,000Btu 가량이라는 걸 알아야 합니다. 이는 당신네 집 전체 난방에 필요한 에너지의 거의 절반에 가까운 양입니다. 실외이기 때문에 열손실을 막아줄 벽이나 창문이 없어 소중한 열이 엄청난 양의 이산화탄소와 함께 모두 공기 중으로 사라지기 때문입니다.

당신이 실외공간을 자주 이용하면 할수록 그것을 유지하고 보수하는 일이 우선시되게 마련입니다. 〈표 5-4〉는 마당 구역을 유지하는 일이 에너지 소비에 미치는 영향을 계산하기 위한 출발점을 제공합니다. 이것은 마당을 관리하는 데 필요한 도구들을 최소한으로 꼽아본 목록인데, 많은 사람들이 실제로 보유하고 있는 가짓수에 비하면 '새 발의 피'에 지나지 않습니다.

미국에서는 잔디 깎는 기계 대부분이 휘발유를 사용하고, 극히 효율이 낮은 엔진에 최소한의 오염저감장치밖에 없어 환경적으로 가장 해로운 기계로 여겨지고 있습니다. 개인 차량의 열효율과 그에 따른 이산화탄소 배출에 대해서는 막대한 정보가 축적되어 있지만, 이런

표 5-4 | 마당 구역(Yard Zone) 워크시트

항목	현재 소비량 및 발생량(연간)		목표 소비량 및 발생량(연간)		
	kWh	CO_2 (kg)	kWh	CO_2/년 (kg)	CO_2 감축
마당 구역					
잔디 깎는 기계	45.0	19.8	22.5	9.9	50%
전기톱	9.2	4.0	9.2	4.0	0%
낙엽 송풍기	11.1	4.9	0.0	0.0	100%
둥근톱	10.6	4.7	10.6	4.7	0%
전기 그릴	54.0	23.8	54.0	23.8	0%
잡초 깎는 기계	15.0	6.6	7.5	4.6	50%
부분합	144.8	63.8	103.8	47.0	28%
조명기구: 백열등(W)					
60W (2개)	168.5	74.1	42.1	18.5	75%
100W (4개)	561.6	247.1	162.9	71.7	71%
부분합	730.1	321.2	205	90.2	72%
총합계	874.9	385.0	308.8	180.4	65%
비용비교					
현재 비용	150,133		₩/kWh	171.6	
목표 비용	52,990				
총 절약액(₩)	97,143				

잔디용품들에 대한 자료는 아주 적습니다.

이런 사정은 제트스키나 소형 모터보트, 전지형全地形 만능차ATV와 같이 휘발유로 구동되는 레저용품들도 마찬가지입니다. 게다가 소비자들조차 자신이 사용하는 도구나 취미용품이 환경에 어떠한 영향을 미치는지 거의 신경을 쓰지 않기 때문에 제조회사들도 크게 신경을 쓰지 않고 있습니다. 만일 당신이 정기적으로 사용하는 취미용품이 있다면, 그것들도 기후 다이어트 목록에 포함시키는 게 좋습니다.

마당 구역에서 사용하는 도구 목록 중에서도 어느 집이나 있는 잔디 깎는 기계가 온실가스 배출이 가장 많고, 그 다음이 전동식 잡초 깎는 기계입니다. 잔디를 깎는 데 있어서는 사실 수동기구가 더 좋습니다. 그리고 한 가지만 더 바꿔보시면 어떨까요? 낙엽 치우는 송풍기를 치우시길 권합니다. 2,500W나 소모하며 전기를 가장 많이 잡아먹는 기구 대신 갈퀴를 쓰면 충분합니다.

이 목록에는 없지만, 대체로 피해야 할 실외용품들은 의외로 많습니다. 한 가지만 말씀드리자면, 수영장이 바로 그것입니다. 물의 온도를 맞추기 위한 수영장용 전기히터는 50,000W가 넘는 전기를 소비합니다. 거기에 2마력짜리 수영장 펌프가 또 2,000W를 잡아먹습니다. 이 두 가지를 하루 6시간, 즉 1년에 90일만 가동해도 23,430kg 이상의 이산화탄소가 발생하는데, 이것은 1년 동안 일반적인 SUV 3대의 배출량과 맞먹습니다. 정말 수영장 없이는 안 되겠다고 생각한다면, 간단한 수동식 태양전지 시스템으로 물의 온도를 유지하십시오.

07_ 자연과 어울리기

실외공간에서 돈을 절약하고 대기를 살리는 가장 좋은 방법은 공간을 주변 환경과 조화를 이루도록 설계해서 사용하는 것입니다. 마당을 탄소 흡수원[2]으로 생각하십시오. 식물이나 나무, 그리고 죽은 낙엽까지도 온실가스가 대기로 나가는 것을 늦추거나 나가지 못하게 하는 저장소 역할을 합니다. 보통 나무 한 그루는 40년을 사는 동안

---

2. 영어로 carbon sink라고 하고, 탄소가 토양이나 나무, 식물 등에 저장되어 있는 자연적인 저장소란 의미임.

공기 중 1톤 이상의 이산화탄소를 제거합니다. 게다가 나무들은 탄소를 흡수하고 그늘을 제공할 뿐만 아니라 새들과 벌레, 포유동물들에게 근사한 서식지도 제공합니다.

미국에 본부를 두고 있는 국립야생연맹_{National Wildlife Federation}은 아주 훌륭한 토지 소유자 교육 프로그램을 가지고 있습니다. 농약, 비료, 물의 사용을 획기적으로 줄이면서 정원을 주변 야생동물들의 자연 서식처로 바꾸고자 하는 프로그램이지요.

야생동물의 서식처에는 먹이와 물, 자생식물, 날씨와 포식자로부터 몸을 숨길 수 있는 은폐물, 그리고 짝짓기를 하고 새끼들을 기를 수 있는 야생 서식지 등과 같은 몇 가지 간단한 요소들이 필요합니다. 자생식물과 풀들을 그대로 활용하면 일부러 물을 줄 필요가 줄어듭니다. 좀 큰 풀들은 작은 동물들에게는 또 다른 은폐물 역할을 합니다.

지속 가능한 방식으로 정원을 가꾸는 행동, 즉 자연상태의 물을 담아 두었다 재사용하는 것, 잔디 심는 지역을 줄이는 것, 효과적으로 토양을 보전하는 것, 외래종의 통제, 어떤 종류의 농약과 비료도 일체 사용하지 않는 것 등 이 모든 것들이 기후변화의 진행을 멈추는 데 도움이 됩니다.

공간이 넓던 좁던 아무 상관없습니다. 발코니나 야외의 마루조차도 살아 있는 생태환경으로 바꿀 수 있습니다. 게다가 자연이 스스로 알아서 하도록 내버려 두면 시간과 돈도 아낄 수 있습니다. 우리 표본가구에서 야생 서식처를 만든다면, 잔디나 잡초 깎는 기계의 사용을 반으로 줄이게 됩니다.

전동기구의 사용을 줄이고 보다 자연 친화적인 야외공간을 많이 만들면, 당신은 이산화탄소 배출을 65% 가량 줄일 수 있을 뿐만 아니라 에너지 비용을 10만 원 가량 줄여 은메달을 획득하게 됩니다.

08_ 기타 기후 친화적 리모델링 제안

지금까지 4장, 5장에서 말한 기후 다이어트 방법 외에도 당신의 집을 기후 다이어트에 맞게 리모델링하고 싶다면, 일반적인 사항 몇 가지를 고려해야 합니다. 당신은 그 프로젝트를 진행할 때 총체적 접근 방법을 택할 필요가 있습니다. 왜냐하면 한 구역에서 난방, 단열, 조명을 바꾸면 다른 구역이 영향을 받기 때문입니다. 이 주제에 대한 좋은 책이 2004년 존슨Johnson과 마스터Master가 공동으로 집필한 《녹색 리모델링: 현대 지구촌 세계의 개조Green Remodeling: Changing World One Room At a Time》입니다.

만일 당신에게 전문가의 도움이 필요하다면, LEED 자격증을 가진 사람을 찾아가 보십시오. 이 LEED 자격증은 상업적 건축에 가장 많이 사용되는 건축 자격증입니다. 많은 대기업들은 보다 효율적인 사무실이 에너지 절약을 가져오고 종업원들에게 보다 나은 작업환경을 제공하며 자신들을 녹색이라고 자랑할 권리를 갖게 해준다고 단정하고 있습니다.

하지만 불행히도 녹색건물을 평가하는 시스템에서는 몇 가지 에너지 스타 제품을 갖다 놓고 약간의 단열을 추가하는 것과 같이 최소한의 리모델링만 하면 녹색건물 인증서를 발급하고 있습니다. 그래서 소비자들은 건축업자와 시공사가 제공하는 여러 종류의 '녹색greenness'가운데서 그 차이를 구분하는 것이 쉽지 않습니다. 장차 리모델링을 하려면, 우선 진정으로 녹색을 추구하는 업체와 녹색인 척하는green wahsing 업체를 확실히 구별하기 바랍니다.

한 가지만 더 제안하자면, 스마트 미터기smart meters, 실시간 전력량계를 눈에 잘 띄는 장소에 설치하십시오. 최근 많은 소비자들이 에너지 사용을 실시간으로 추적하는 이 기기를 사용하고 있습니다. 이 기기를 가까이에 두면, 쿠키를 굽거나 커피를 내리는 것과 같은 특정한 활동이 에너지 비용과 온실가스 배출에 어떤 영향을 끼치는지 알게 해줄 것입니다.

09_ 결론

지금까지의 내용을 토대로 당신은 기후 다이어트를 통해 환경에 미치는 영향을 줄일 수 있는 여러 가지 손쉬운 방법들과 그것이 자신의 생활양식에도 맞춤형으로 적용될 수 있다는 것을 분명히 알게 되었을 것입니다. 4장, 5장에서 제시한 내용들의 대부분은 거의 혹은 전혀 돈이 들지 않습니다. 기후 다이어트를 하면 오히려 돈을 아낄 수 있습니다.

앞서 제안한 사항들을 당신의 표본가구에 시행하면, 당신은 매년 에너지 비용을 약 150만 원 가량, 이산화탄소 배출을 4,000kg 이상 줄일 수 있습니다. 이것은 충분히 동메달권에 들 수 있는 수준이고,

2008~2012년 교토의정서의 감축목표를 초과하는 양입니다. 이것들을 차근차근 참을성 있게 해가다 보면 당신이 살고 있는 지구를 아주 오랫동안 보존할 수 있습니다.

그리고 9장에 있는 가정용품 목록과 그것들이 기후변화에 미치는 영향들을 면밀히 살펴보기 바랍니다. 비록 그 목록이 모든 것을 포함했다고 할 수는 없겠지만, 적어도 기후 다이어트를 각자의 필요에 따라 맞춤형으로 시작하는 출발점은 될 것입니다. 이제까지 알게 된 몇 가지 변화에 만족하지 마십시오. 금메달을 향해 계속 전진하기 바랍니다.

⏱ 실행 팁

• 표본가구의 난방, 냉방, 마당 구역에 필요한 변화

01| 생활공간에서 적정온도를 10% 낮추거나 올리십시오.

02| 80% 효율의 가스보일러를 90% 효율의 가스보일러로 바꾸십시오.

03| 16%의 절약을 가져올 자동온도조절기를 설치하십시오.

04| 난방시 실내온도를 2°C 낮추십시오(14%의 절약효과가 있음).

05| 실내 에어컨을 에너지 효율 1등급 제품으로 바꾸십시오.

06| 낙엽을 치우는 송풍기 사용을 중단하십시오.

07| 잔디나 잡초 깎는 기계의 사용을 50% 줄이십시오.

08| 유지가 용이하고 기후 친화적인 야생 서식지를 만드십시오.

• 좀 더 절약하기 위해서는

01| 에너지 감시를 실시하고, 그에 따라 필요한 에너지 절감활동을 수행하십시오.

02| 겨울철 실내온도를 2°C 추가로 낮추고, 여름철 실내온도를 2°C 추가로 올리십시오.

03| 냉난방 시스템을 적정하게 유지하고, 필요하면 닥트를 보수하십시오.

04| 가능한 한 마당용 동력기들, 특히 석유나 전기, 가스를 쓰는 기구의 사용을 중단하십시오. 잔디 손질은 사람 손으로 하는 수동기구를 사용해 보십시오.

05| 실외용 테라스 히터를 사용하지 마십시오.

06| 동물들을 위한 자연 서식지를 보존하십시오.

장보기, 식사, 재활용 그리고……

01 숨어 있는 에너지
02 우리가 먹는 음식: 기후영향 비교
03 육류소비의 환경비용에 대해서
04 폐기물: 처분과 재활용
05 지구를 위한 퇴비화
06 신토불이 구매의 편익
07 포장의 유해성
08 선물하기
09 장보기와 실업
10 야외 레저활동과 환경
11 그저 덜 쓰는게 최고
　• 실행 팁

소비에 열광하는 사람들에게 새 차, 새 구두, 새 옷 같은 새 것을 사는 것보다 더 신나는 일은 없습니다. 게다가 '신상품'이라는 단어는 사전에 있는 어떤 단어보다 상품 판매자들이 즐겨 쓰는 단어입니다.

당신이 살까말까 눈여겨 보고 있는 그 '신차'가 전시장 플로어 위에서 황홀하게 빛나고 있습니다. 거기에는 '신차'의 향기가 있습니다. 색깔조차 친환경 이미지를 주려 했던 모양입니다. 대형 SUV의 가장 인기 있는 색상 중 하나가 연두색이라는 것은 결코 우연은 아닙니다. 광고에서도 종종 이 나뭇잎 색깔의 자동차가 산꼭대기를 달리거나 졸졸 흐르는 시냇물 옆에 서 있는 모습을 그려 냅니다.

그러나 아이러니하게도 SUV 차주들은 일반 사람들에 비해 대자연을 더 많이 즐기면서도 환경파괴에 대해서는 오히려 책임을 회피합니다. 이 모순을 과연 어떻게 설명할 수 있을까요? 그 이유는 대부분의 소비자들이 자신들의 구매습관이 환경에 어떤 영향을 미치는지 잘 모르기 때문에 일어납니다.

그렇다면 우리는 어떻게 소비에 탐닉하게 되었을까요? 세계는 2차 세계대전 이후 산업의 성장과 기술혁신의 황금기를 예고했습니다. 과학과 기술의 진보로 대량의 새로운 소비재가 등장했습니다. 그리고 저비용 대량생산이 가능해져 훨씬 더 많은 사람들이 신상품을 소비할 수 있게 되었습니다.

그러다가 1950년대가 되면서 텔레비전, 자동차, 냉장고, 식기세척기, 중앙 집중식 냉난방기 등을 포함한 생필품들이 수백만 가정에 등장합니다. 거대 화학기업들은 편리함을 찾는 구매자들에게 깨끗한 집, 싼 옷, 푸른 잔디를 위한 새롭고도 더 나은 방법을 제공하였습니다.

그리고 많은 나라에서 늘어난 중산층은 더 큰 집과 더 넓은 개인 생활공간이 필요했기 때문에 도심에서 교외로 탈출을 하게 되었습니다. 게다가 종일 방영되는 직접 광고, 소득 증대 그리고 미국의 경우에는 '물질적 부는 일을 잘한 자에 대한 신의 보상'이라는 미국식 청교도주의가 더해져 결과적으로 과소비 열풍이 나타나게 되었습니다.

안타까운 일이지만 연구에서도 입증되었듯이 편리하고 풍요로운 삶의 이면에는 나쁜 점도 있습니다. 이번 장은 당신의 행동과 지식이 일치하도록 그 사이에 다리를 놓아, 현재의 욕구를 충족시키면서 동시에 좋은 기후 지킴이가 되기 위한 똑똑한 소비의 길로 안내할 것입니다.

01_ 숨어 있는 에너지

우리 가족은 미국의 중산층 중에서 비교적 소박하게 사는 편인데도 지속 가능하지 않은 상품의 소비에서 자유롭지 못한 것은 매한가지입니다. 그래서 합성수지나 석유화학 제품이 얼마나 우리 일상생활에 들어와 있는지 보다 잘 알아보기 위하여 딸 켈라와 저는 이른바

'석유를 찾아라!'라는 간단한 게임을 하기로 했습니다.

게임 요령은 간단합니다. 플라스틱이나 천연섬유가 아닌 것으로 만들어진 것들을 찾아내기만 하면 됩니다. 왜냐고요? 알다시피 플라스틱 제품을 만드는 주원료가 석유이기 때문이죠. 석유에서 나온 고분자 화합물 즉, 폴리머는 집 안 곳곳에 널려 있었습니다. 15분 정도 찾아보더니 딸이 외쳤습니다. "와! 아빠! 우리 집에 이렇게 많은 석유가 숨어 있는지 몰랐네요. 주유소를 해도 되겠어요!"라고 말입니다. 마치 집에 있는 물건 모두가 석유를 담고 있는 것 같았습니다.

사실 이것은 대부분 맞는 말입니다. TV, 어댑터, 전기코드, 전선, 스테레오 박스 등 가전제품의 껍데기는 거의 모두가 폴리머로 만들어진 것들입니다. 전자제품 내부의 회로기판 역시 폴리머로 만들어져 있습니다. 여기 〈표 6-1〉은 우리가 집 안팎에서 찾아낸 폴리머 관련 제품의 목록을 제시하고 있습니다.

표 6-1 | 집에서 찾은 화석연료가 사용된 제품

축구공, 농구공, 비치볼 (한 개씩)
오래된 조깅화(10켤레)
장화(6켤레)
스키 자켓(Ski jacket) (6복)
책상(2개)
타파웨어 용기(30개)
의자(4개)
스웨터(10복)
셔츠(15복)
나일론 스타킹(8복)
나일론 카펫(93㎡)
어린이용 썰매(1개)
전동공구, 상장 등

당신 가정에서도 찾아보세요!

물론 우리 가족이 현재 소유하고 있는 물건의 목록만 가지고 우리가 환경에 대해 미치는 영향을 제대로 반영할 수는 없습니다. 우리가 수년간 쓰다 버린, 지금은 쓰레기 매립장에서 썩어 가고 있는 낡은 운동화, 부서진 장난감, 그리고 그 밖의 수많은 쓰레기들은 전혀 반영이 되지 않았기 때문입니다. 그리고 켈라의 침대를 꾸미고 있는 폴리에스터 스쿠비두Scooby Doo[1] 이불은 또 어떤가요? 여하튼 여기저기 석유제품은 많이도 숨어 있네요! 당신도 가정에서 찾아보세요.

그렇습니다. 우리의 삶은 재생 불가능한 석유와 그 밖의 화석연료로 된 화학제품들로 가득 차 있습니다. 따라서 당신이 스스로의 환경부담을 좀 더 정확하게 측정하려면 각 제품의 생산, 운반, 포장, 판매, 폐기 등에 필요한 자원들을 모두 감안해야 합니다. 그리고 이러한 '내재화된 에너지'는 우리가 기후변화에 영향을 미치게 하는 중요한 구성 요소이자, 합리적인 소비자 결정을 내리는 데 중요하게 고려해야 할 요소입니다.

예를 들면, 당신은 가죽소파나 가죽구두가 합성섬유로 된 인조가죽 제품보다 낫다고 생각할지도 모릅니다. 하지만 그렇지 않습니다. 암소 한 마리를 키우는 데 자그마치 1,071ℓ나 되는 석유가 소요되기 때문입니다.

또 당신은 에너지 절감형 프리우스를 사면 어떨까 생각할 수도 있습니다. 그런데 통계에 의하면, 일반적인 차 한 대가 생산과정을 거쳐 판매대에 올라오기까지 무려 1,362kg의 이산화탄소가 배출된다고 합니다. 그러므로 좋은 연비나 부분적으로 이산화탄소를 배출하지 않

<hr>

1. 미국의 유명한 TV 만화 시리즈로 주인공 개의 이름으로 여러 상품의 브랜드로도 사용되고 있음.

음으로써 얻어지는 환경적 편익이 생산, 유통, 판매 등에 들어가는 환경비용을 상쇄하기까지는 여러 해가 걸리게 됩니다.

그렇다면 이런 많은 고려사항이 있는데, 당신은 어떻게 하면 환경의식이 높은 소비자로서 제대로 된 결정을 내릴 수 있을까요? 정부 지원을 받는 영국 기업인 카본 트러스트The Carbon Trust[2]는 제품 주기의 전 과정에서 배출되는 이산화탄소 총량을 체계적으로 계량화하는 탄소 라벨링제를 실시하기 위한 획기적인 작업에 착수했습니다.

제품 주기에는 원료 생산, 원료 운송, 제조, 유통, 소매, 소비, 폐기 등이 포함되어 있습니다. 카본 트러스트는 탄소발자국의 라벨링이 소비자와 생산자 모두에게 실질적이며 바람직하다는 것을 입증하기 위해 기업의 파트너들과 공동으로 수많은 실험을 했습니다.

예를 들면, 최근에 영국 최대의 스낵 생산업체인 워커Walkers사가 만든 감자칩의 라이프사이클에 대해 탄소 분석을 완료하였습니다. 이 연구는 감자의 생산에서부터 조리, 유통방식 등 모든 것을 조사·분석한 것이었는데, 연구자들은 이를 통해 조사대상의 감자에서 함량이 서로 상당한 차이를 보인다는 것, 그리고 그것이 주로 경작방법의 차이에서 나온다는 것을 발견하였습니다.

아울러 그들은 생산과정에서 사용된 에너지 믹스의 차이, 예컨대 배전망을 통한 전기와 천연가스 같은 1차 에너지의 비율이 이산화탄소 배출에 큰 영향을 준다는 사실도 찾아냈습니다. 또한 이산화탄소 배출의 약 1/3이 포장과 관련되어 있다는 것도 밝혀냈습니다. 전

---

2. 영국정부가 지원한 비영리 기구로 저탄소 사회를 위한 기업과 정부에 전문가 지원을 하고 있음.
   http://carbontrust.co.uk.

반적으로 이 연구는 공급망 과정에 변화를 주면, 이산화탄소 배출을 8% 이상 줄이고 워커사는 돈을 아낄 수 있다는 결론을 내리고 있습니다.

02_ 우리가 먹는 음식: 기후영향 비교

저는 카본 트러스트나 유사한 단체들의 노력을 통해서 특히 가공식품과 포장식품의 경우에 기후 다이어트가 복잡하거나 불확실한 게 아니라는 것을 궁극적으로 입증하기를 바랍니다. 그러나 안타깝게도 신뢰할 만한 탄소성적 표시탄소 라벨링가 가게의 진열대에 나타나려면 앞으로 여러 해가 걸릴지도 모릅니다. 그리고 식품의 이동거리 또는 '식품 마일리지'를 어떻게 계산에 포함시킬 것인가도 아직 불확실한 요소로 남아 있습니다.

그렇다면 깨어 있는 소비자는 무엇을 해야 할까요? 다행히도 당신이 매일같이 사용하는 것 중에서 과학적으로 보다 분명하고 기후영향도 비교적 쉽게 측정되고 평가되는 두 가지 카테고리가 있습니다. 바로 국산 무가공/반가공 식품과 고체 폐기물입니다.

〈표 6-2〉는 5개 OECD 국가에서 나타나는 기본적인 식품들에 대한 1인당 소비패턴의 사례를 보여주고 있습니다. 왼쪽에서 두 번째 열은 해당 식품 1kg를 생산할 때 발생하는 이산화탄소의 양을 그램g으로 표시하고 있습니다. 여기에 각 식품의 1인당 소비량을 곱하면, 각각의 식품에 대한 1인당 기후영향을 계산할 수 있습니다.

우리의 표본가구에는 4명이 살고 있고 미국 항의 숫자를 기준선으로 이용합니다. 당신 스스로의 분석을 위해 다른 나라의 숫자를 쓰셔도 좋습니다 또 우리의 표본가구는 음식물 소비가 기후에 미치는 영향을 줄이고자 영국의 소비패턴을 대안으로 사용하겠습니다. 그런데 이 덴마크에서 이루어진 연구에서 사용된 이산화탄소 배출량은 최소로 가공된 식품에만 적용한 것으로 포장이나 마케팅에 사용된 비용은 포함되어 있

표 6-2 | 식품소비와 온실가스 배출

식품 (kg/년)	CO₂ 배출량 (g CO₂e per kg/단위)	미국 (kg)	영국 (kg)	한국 (kg)	미국 온실가스 발생량(kg)	영국 온실가스 발생량(kg)	한국 온실가스 발생량(kg)
계란	2,000.0	22.3	12.6	9.5	44.6	25.2	19.0
우유(국산)	950.0			62.0			58.9
우유	1,200.0	131.0	130.0		157.2	156.0	
쌀(국산)	870.0			74.0			64.4
쌀	1,000.0	9.1	6.7		9.1	6.7	
소고기	11,600.0	28.6	15.0	8.0	331.8	174.0	92.8
돼지고기	2,950.0	21.7	16.0	19.0	64.0	47.2	56.1
닭고기 등	3,160.0	26.9	27.0	10.0	85.0	85.3	31.6
야채	150.0	93.0	89.0	154.0	14.0	13.4	23.1
과실류	180.0			68.0			12.2
수산물(국산)	1,260.0			55.0			69.3
기타 곡류*	800.0			56.0			44.8
부분합(기초 식품군 생산에서 발생되는 이산화탄소 등가물)					705.7	507.8	472.2
가족수					4	4	4
총계(kg)					2,822.8	2,031.2	1,888.7

주) 1. 국산으로 표기되지 않은 것은 덴마크의 경우로, 각 국가마다 실제 수치가 다를 수 있음.
   2. 포장, 요리, 가공에 따른 이산화탄소 발생은 고려하지 않음.
   3. 소비량은 1인 기준(per capital basis)임.
   4. *는 콩을 중심으로 한 역자의 추정치임.
출처: 미국의 소비량은 미농무부의 2005년 자료이며(www.usda.gov), 유럽의 소비량은 유럽의회 산하 공동연구센터가 2005년에 발간한 〈에너지, 라이프스타일, 그리고 기후에 관한 기술보고서 (Energy, Lifestyles and Climate Technical Report〉임. 한국은 통계청 e-나라지표 (http://www.index.go.kr/egams/stts/jsp/potal/stts/)에서 발췌

지 않음을 유념하시기 바랍니다. 그리고 소고기의 수치는 살아있는 소를 대상으로 한 것입니다. 좀 더 자세한 음식품목들과 그에 따른 기후영향을 보려면, 〈표6-3〉를 참조하십시오.

그럼 기후변화에 대한 음식의 영향을 좀 더 잘 살펴보기 위해 가장 보편적인 두 가지 식사를 비교해 보겠습니다. 첫째는 근사한 둥근 스테이크 앙트레, 갓 구운 제과점 빵, 구운 감자, 버터 바른 당근과 튀긴 양파 한 접시, 2ℓ들이 우유를 놓습니다. 둘째는 첫째 중에서 스테이크 앙트레를 빼고 대신에 대구 살코기를 놓습니다.

이렇게 단순히 메뉴 하나를 바꾸는 것만으로 온실가스 배출을 80% 이상 줄일 수 있다고 그 누가 생각할까요? 음식을 준비하고 요리하는 데 드는 에너지는 뺐는데도 말입니다. 대신 대구 살코기를 사러 가기 전에 한 가지 고려사항이 있습니다. 〈표 6-3〉의 예를 보면, 스테이크를 대구 살코기로 바꾸면 온실가스 배출이 상당히 줄어듭니다.

그러나 자연산 대구를 마구잡이로 잡다 보니 예전엔 풍부했던 대구가 이제는 희귀어종이 되었습니다. 대구를 양식하면 되지 않느냐고 생각하시나요? 그러나 그렇다고 해서 상황이 바뀌지는 않습니다. 왜냐하면 양식에 쓰이는 먹이가 지속 가능하지 않은 자원예컨대 유전자변형 콩이나 밀으로 만들어지기 때문입니다. 그리고 물고기 양식은 엄청난 양의 쓰레기를 만들어 내고, 제대로 처리하지 않으면 그대로 상수원으로 흘러들어갈 수도 있습니다.

그러니 생선을 살 때는 식품점이나 직거래 장터의 공급자에게 생선이 어디 산인지 물어보기 바랍니다. 또는 정부나 그에 준하는 보증 기관이 발행하는 지속 가능한 식품으로 길러졌다는 보증서가 있는

표 6-3 | 식단비교

식단 1				식단 2			
음식	kg	제품 1kg당 탄소배출량	합계(탄소배출량(g))	음식	kg	제품 1kg당 탄소배출량	합계(탄소배출량(g))
안심 라운드 스테이크	1	42,300	42,300	대구(냉동)	1	3,200	3,200
감자	0.5	220	110	감자	0.5	220	110
식빵	0.5	780	390	식빵	0.5	780	390
탈지 우유	2	1,200	2,400	탈지 우유	2	1,200	2,400
당근	0.5	120	60	당근	0.2	120	24
양파	0.5	380	190	토마토	0.2	3,450	690
				양파	0.2	380	76
합계							
kg			45.45				6.89
탄소 발생량 차이	kg	38.56					

식단 3				식단 4			
음식	kg	제품 1kg당 탄소배출량	합계(탄소배출량(g))	음식	kg	제품 1kg당 탄소배출량	합계(탄소배출량(g))
불고기	0.6	23,200.0	13,920.0	고등어조림	0.6	2,290.0	1,374.0
쌀밥	0.4	1,120.0	448.0	쌀밥	0.4	1,120.0	448.0
김치	0.4	760.0	304.0	김치	0.4	760.0	304.0
미역국	0.8	3,315.0	2,652.0	미역국	0.8	3,315.0	2,652.0
두부	0.2	724.0	144.8	두부	0.2	724.0	144.8
합계							
kg			18.385				4.9
탄소 발생량 차이	kg	13.485	연간 50끼의 식단을 위와 같이 바꿀 경우 연간 탄소 발생량은 674.25kg 감축 효과				

참고: 표의 수치는 덴마크에서 식품생산에 따른 이산화탄소 배출량임(단위: g). 각 국가마다 수치가 다를 수 있음.
출처: LCA Food Database(2006) www.lcafood.dk
　　　식단 3과 4는 "2010 한국 푸드 엑스포" 에 나온 자료임.

생선을 사기 바랍니다. 그보다 더 좋은 것은 생선 대신 다른 단백질
원, 예컨대 유기농 두부와 같은 것을 먹는 것입니다. 생산된 콩은 1kg
당 620g의 온실가스만 배출하기 때문입니다.

한국 독자들을 위해 〈식단 3〉과 〈식단 4〉를 추가로 제시해 보았습니
다. 이를 통해 불고기를 먹는 대신 고등어조림을 먹는다면, 온실가스
배출이 현저히 줄어드는 것을 알 수 있습니다.

03_ 육류소비의 환경비용에 대해서

당신은 아마도 앞의 음식물 소비표에서 육류생산이 엄청난 양의
온실가스를 배출한다는 것을 알았을 겁니다. 그러나 이것은 육류생
산이 환경에 미치는 잠재적 위험요소 중 극히 일부분에 지나지 않습
니다. 자연주의자인 제인 구달Jane Goodall은 2005년 펴낸《희망의 밥상
Harvest for Hope: A Guide for Mindful Eating》이란 책에서 육류생산의 환경적,
경제적, 윤리적 악영향을 생생하게 말한 바 있습니다.

실제로 소고기를 생산하는 비용은 엄청납니다. 미국에서는 전체
농지의 56%가 소고기를 생산하는 데 쓰이고 있습니다. 영국에서는
전체 농지의 약 70%가 가축을 기르거나 가축을 먹이기 위한 사료를
생산하는 데 쓰입니다. 사료의 수요는 매우 커서 대부분의 나라들이
이제는 완전히 곡물 수입국이 되었습니다.

거대한 다국적 기업들은 이미 전 세계에 걸쳐 수천만 에이커의 열
대우림을 베어내고 거기에 소를 먹이기 위한 사료작물을 심기 시작

했습니다. 앵거스Angus 수컷 소[3]의 크기를 생각하면 왜 곡물의 수요가 그렇게 많은지 이해가 갈 것입니다. 1kg의 소고기를 생산하는 데는 16kg의 곡물이 들어갑니다. 0.454kg의 닭고기를 생산하는 데는 1.6kg 이상의 곡물이 필요합니다. 또한 1kg의 소고기를 생산하기 위해서는 220,000ℓ의 물이 필요하고, 같은 무게의 닭고기에는 110,140ℓ의 물이 필요합니다.

세상에 굶주리는 사람이 왜 그렇게 많은지 생각해 본 적이 있습니까? 그렇습니다. 이제 당신은 그 이유를 아셨을 것입니다. 제인 구달 여사가 아주 열렬한 채식주의자가 된 것도 결코 놀랄 일이 아닙니다. 육류소비를 줄이는 것이야말로 대기의 악화와 자원의 고갈을 막기 위해 당신이 할 수 있는 가장 훌륭한 실천입니다.

04_ 폐기물: 처분과 재활용

소비에 있어 한 가지 슬픈 사실은 당신이 사는 것의 대다수가 전혀 소비되지 않고 버려진다는 것입니다. 2005년에 엘리자베스 로이트Elizabeth Royte가 펴낸《쓰레기장: 쓰레기의 비밀궤적Garbage Land: The Secret Trail of Trash》은 우리가 버린 쓰레기가 어떤 경로를 거쳐 처리되고 그것이 환경에 얼마나 파괴적인 결과를 가져오는가에 관해 기술한 아주 훌륭한 기록물입니다.

당신이 매일 얼마나 많은 쓰레기를 버리는지 아십니까? 〈표 6-4〉는

---

3. 스코틀랜드산 검은 소

표 6-4 | 폐기물 처리와 재활용

미국	발생량(현재)				발생량(미래)			
쓰레기	1인기준	1인기준	쓰레기	1인기준	1인기준	1인기준	1인기준	1인기준
	1일 발생 쓰레기량(년)	1년 발생 쓰레기량(년)	유형	CO_2(년)	쓰레기량(년)	CO_2(년)	쓰레기량(년)	CO_2(년)
	2003(lb)	2003(lb)		2003(lb)	60% 재활용(lb)	60% 재활용(lb)	25% 감량(lb)	25% 감량(lb)
합계	4.45	1,624.25		1,940.00	1,624.25	1,461.83	1,218.20	1,096.40
재활용	1.04	379.6	23%	248.2	974.55	487.28	730.9	365.5
퇴비화	0.32	116.8	7%					
폐기	3.09	1,127.85	69%	1,691.80	649.7	974.55	487.3	730.9
부분합	4.45	1,624.25	100%	1,940.00	1,624.25	1,461.83	1,218.20	1,096.40
가족수	4	4		4	4	4	4	4
총합계	17.8	6,497		7,759.90	6,497	5,847.30	4,872.80	4,385.50
					(lb)	(kg)		
쓰레기의 60% 재활용에 따른 탄소감축					1,912.60	867.54		
쓰레기의 60% 재활용과 25% 줄임을 통한 탄소감축					3,374.40	1,530.61		

한국	발생량(현재)				발생량(미래)			
쓰레기	1인기준	1인기준	쓰레기	1인기준	1인기준	1인기준		
	1인 발생 쓰레기량(년)	1년 발생 쓰레기량(년)	유형	CO_2(년)	쓰레기량(kg.연)	CO_2(년)		
	2008(kg)	2008(kg)		2008(kg)	25% 감량	25% 감량		
합계	0.87	317.55		308.43	238.16	195.73		
재활용	0.33	120.45	38%	107.68	90.34	45.17		
퇴비화	0.26	94.90	30%	47.45	71.18	35.59		
폐기	0.28	102.20	32%	153.30	76.65	114.98		
부분합	0.87	317.55	100%	308.43	238.16	195.73		
가족수	4	4		4	4	4		
총합계	3.48	1,270.20		1,233.70	952.65	782.93		
					(kg)			
쓰레기의 60% 재활용과 25% 줄임을 통한 탄소감축					450.78			

1. 자료는 미국 환경보호국(EPA)에서 나온 2003년 자료, 한국은 환경부 자료 인용.
2. 재활용 경우 온실가스 0.5배, 폐기 시는 1.5배로 계산.
3. 1년은 365일을 기준.
4. 미국은 60%의 재활용을 우선 시행하고, 그 후 각 폐기물 별로 25%를 감축한다고 가정.
5. 한국은 재활용률이 이미 60% 이상이므로 폐기물 25% 감량만 반영
6. 미국 재활용 탄소값은 퇴비화와 재활용값을 합한 것임.

미국의 통계를 보여주고 있습니다. 미국인들은 쓰레기를 버리는 데 있어 세계 최고를 자랑합니다. 따라서 다른 나라는 이보다 적은 양의 쓰레기를 배출할 것이 확실합니다. 그러나 불행히도 이에 대해 비교할 수 있는 적절한 통계를 구하기가 어려운 실정입니다.

2003년에 1인당 쓰레기 폐기량은 하루에 약 2kg, 1년에 약 737kg이었습니다. 불행히도 이중에서 2/3 이상이 곧바로 매립지로 향했습니다. 일본과 대부분의 EU 국가들은 가정에서 어떤 형태로건 쓰레기를 재활용하는 것을 의무적으로 시행하고 있으나, 북아메리카의 많은 지역에서는 그렇지 않았습니다. 사실 버려지는 쓰레기의 대부분은 매립할 필요가 없는 것들입니다. 왜냐하면 대부분 재활용의 여지가 남아 있기 때문입니다.

사실 재활용의 이점은 여러 가지가 있습니다. 하지만 그 중 한 가지만 강조하자면, 평균적으로 매립되는 쓰레기는 약 680g의 온실가스를 배출하는 데 비해 재활용 쓰레기는 227g만 배출한다는 것입니다. 만약 우리의 표본가구에서 재활용률을 60%까지 높인다면, 어떤 일이 일어날까요? 온실가스 배출이 약 863kg 이상 줄어들 것입니다. 만일 당신이 과도하게 포장된 물건, 예컨대 낱개로 포장된 스낵 같은 물건의 구입을 자제함으로써 실제로 쓰레기 발생률을 25% 가량 줄인다면, 당신은 온실가스 약 664kg 을 추가로 줄일 수 있습니다.

- **만일 당신이 미국인이라면 영국식 식습관을 채택함으로써 이산화탄소 배출을 연간 2,028.7kg 가량 줄일 수 있습니다. 그리고 영국의 소비자를 능가할 수 있다면, 당신의 수치를 적으십시오. 한국인은 육류 대신 채식 위주**

로 식단을 바꾸면, 매끼 13.5kg의 이산화탄소 배출을 줄일 수 있습니다. 그러면 당신은 동메달을 따게 됩니다.

- 미국인들이 쓰레기 재활용률을 60%로 높이면, 이산화탄소 배출을 약 863kg 이상 줄일 수 있습니다.
- 미국인들이 가정 쓰레기 총생산을 줄인다면, 이산화탄소 배출을 추가로 약 664kg 이상 줄일 수 있습니다. 전반적으로 재활용을 늘리고 쓰레기를 줄임으로써 이산화탄소 배출을 43%까지 줄일 수 있고, 당신은 동메달을 따게 됩니다.

05_ 지구를 위한 퇴비화

당신이 먹다 남긴 것을 그것이 원래 왔던 곳, 즉 땅으로 돌려보내는 것이야말로 쓰레기를 없애는 가장 좋은 방법입니다. 쓰레기 처리에서 생기는 온실가스의 감축이라는 측면에서 보면, 퇴비화에 의해 처리하는 것이 쓰레기 처리회사의 재활용보다도 더 낫기 때문입니다. 당신이 할 수 있는 한 퇴비화를 하면, 쓰레기 처리회사의 지속 가능하지 않은 쓰레기 처리과정, 즉 쓰레기 수거업자, 쓰레기 운반트럭, 운송 및 분류센터, 매립지 등 일체의 과정을 대체할 수 있습니다.

그럼 퇴비화란 무엇을 말하는 것일까요? 그것은 고체 폐기물의 유기성분_{또는 생물학적 성분}을 일정한 조건 하에서 생물학적으로 분해하여 쓸모 있는 최종 생산물을 만들어 내는 고체 폐기물 처리방법을 말합니다. 그리고 그 목표는 간단합니다. 퇴비화는 유기물질을 추리고 그것을 분해하여 다시 쓸모 있는 성분을 만들어 내는, 어머니 자연이 오랫동안 해온 촉진과정입니다.

퇴비는 식물에 필요한 영양소를 서서히 공급해 주는 저장소 역할을 하기 때문에 화학비료를 쓸 필요가 훨씬 줄어듭니다. 또한 퇴비는 일종의 탄소 흡수원 역할을 합니다. 즉 온실가스가 공기 속으로 빠져나가지 못하도록 붙잡아 다시 땅으로 되돌려 보내는 일을 하는 것이죠. 다음의 〈표 6-5〉는 이렇게 퇴비화가 가능한 것과 불가능한 것들의 목록을 보여주고 있습니다.

그러면 어떻게 하면 퇴비화에 동참할 수 있을까요? 당신이 어떻게 유기성 음식물 쓰레기를 처리할 수 있는지 보여주는 사례를 하나 들

표 6-5 | 퇴비화하기 좋은 것과 나쁜 것들

퇴비화 하기 좋은 것	퇴비화 하기 나쁜 것
잔디 부스러기	고기와 유제품
시든 꽃	잡초 종자나 병든 식물
절단 혹은 마른 잎	급속도로 퍼지는 잡초
이끼	유독 식물
절단된 신문이나 판지	잡초나 사료 제품
야채 껍질	검은 호두나무 잎
커피 찌꺼기	애완동물 폐기물
과일 껍질	사람 폐기물
빵 부스러기	광택 용지
가축 분뇨	화학 처리된 목재
머리카락	나무 재
절단된 활엽수	석회
절단된 솔잎	퇴비 사료나 비료
짚	흙
토막난 가지	모래
솔방울	기름기 있는 주방 쓰레기
절단된 천연섬유	신선한 활엽수
잔디	유기성이 아닌 모든 것(예: 인형)

1. 자료는 미국 환경보호국(EPA)에서 나온 2003년 자료, 한국은 환경부 자료 인용.

어 보겠습니다. 먼저 유기성 음식물 쓰레기를 담을 수 있는 용기 하나를 당신 주방에 설치하십시오. 그 다음으로 퇴비화 컨테이너를 구하십시오. 보통의 튼튼한 컨테이터를 사용할 수도 있고, 아니면 지역의 업자에게 퇴비화 전용 컨테이너를 구입하셔도 됩니다. 전용 컨테이너는 보통 설명서와 지렁이 등을 갖춘 한 세트의 패키지로 되어 있습니다.

참, 제가 지렁이라고 말했지요? 퇴비화 방법 중에 지렁이 퇴비화라는 것이 있는데, 이것은 붉은색 지렁이를 유기물을 담은 통에 함께 넣는 방법입니다. 그러면 그 지렁이가 유기물을 분해해 고품질의 퇴비로 만들어 줍니다. 이 지렁이는 거의 모든 것을 먹기 때문에 아주 훌륭한 재활용 일꾼 역할을 합니다.

그런데 당신이 이 방법을 써보려고 한다면, 한 가지 주의할 것이 있습니다. 다른 냉혈동물과 마찬가지로 지렁이는 기후변화에 민감합니다. 이상적인 온도는 13~25℃라는 것입니다.

06_ 신토불이 구매의 편익

최근 자기 고장에서 기른 식품을 구매하는 데서 오는 상대적 편익에 대한 논쟁이 뜨겁습니다. 직관적으로 신토불이 상품이 더 기후 친화적이라는 거죠. 사람들은 누구나 4km 이내에서 생산되어 운송된 멜론이 멕시코나 뉴질랜드에서 수입된 멜론보다 에너지를 훨씬 덜 소모할 것이라고 생각합니다.

그러나 앞에서 말한 워커사의 감자칩 사례에서 보았듯이 이 문제는 식품 마일리지에 있어 단지 작은 한 부분일 뿐입니다. 전체의 제품 주기, 즉 원료 생산, 원료 수송, 제조 및 가공, 유통과 소매, 소비, 그리고 처분 등을 고려해야만 하는 것입니다.

예컨대, 뉴질랜드에 있는 링컨대학의 한 연구에 의하면, 낙농제품이나 양고기의 생산은 뉴질랜드가 영국보다 훨씬 더 효율적이라는 결론을 내리고 있습니다. 그래서 뉴질랜드에서 생산된 제품이 영국에서 생산된 것보다 전반적으로 기후영향이 더 적다고 주장합니다. 그리고 150개 품목에 대한 상대적 환경영향을 조사한 영국 맨체스터 경영대학의 보고서에서도 이와 비슷한 결론을 도출하고 있습니다.

그러나 지역의 농민들은 이런 연구 보고서들이 이른바 효율적 영농 모델만을 중시하고, 화학비료의 사용이라든지 농약과 제초제에 의한 화학적 오염, 지속 가능한 토지경영 방법의 이점은 무시하고 있다고 반박합니다. 신토불이 농업은 점차 유기농을 의미하게 되었습니다. 유기농은 필수적으로 기업농보다 손이 많이 가는데, 이 점이 바로 유기농 식품을 선호하게 되는 이유 중의 하나입니다.

우리는 자신이 먹는 식품이 실제로 사람의 손으로 생산되었다는 것에 매력을 느낍니다. 또한 우리는 유기농 식품생산과 연관된 공동체적 유대감을 좋아합니다. 특히 생산물이 자기 고장의 직거래 장터에서 판매될 때는 더욱 그러합니다. 유기농을 재배하는 농부들은 도시인들에게 농촌생활과 접할 수 있는 기회를 줌으로써 도시 거주자들과 자연세계의 가교역할을 합니다.

저는 직거래 장터에서 장을 볼 때마다 항상 새로운 것을 배웁니다.

농부들은 물건을 파는 짧은 시간 동안에도 시금치를 심는 최적의 시기, 뒷마당의 잡초를 없애는 방법 등에 관해 가르쳐 줍니다. 제 딸은 신선한 농산물에 매료되어 시골 장터를 여기저기 쏘다니기를 좋아합니다. 어쨌든 자기 고장에서 키운 농산물이 수입 농산물보다 신선하다는 사실에 토를 달 사람은 거의 없을 것입니다.

신토불이 구매에는 또 다른 이득이 있습니다. 즉, 지역문화를 보존하고 당신의 피땀어린 돈을 지역공동체 발전에 유용하게 쓸 수 있도록 도와줍니다. 오늘날 기업농으로 인해 소규모 가족농장은 거의 찾아 볼 수 없는 지경에 이르렀습니다. 미국에서는 노동자의 1% 미만만이 주업을 농업이라고 생각합니다.

당신이 세이프웨이Safeway, 호울푸드Whole Foods, 테스코Tesco 같은 슈퍼마켓에 가서 블랙베리 한 파인트4를 산다면, 이 돈은 대부분 당신이 사는 고장을 떠나 높은 연봉의 임원들과 얼굴도 모르는 주주들의 주머니로 흘러들어 갈 것입니다. 그 사람들은 당신 지역의 학교나 범죄율 상승 또는 당신의 아이들이 뛰어놀 공원이 있는지에 대해서는 아무런 관심도 없는 사람들입니다.

반면에 지역의 농부들은 당신과 함께 살고 있기 때문에 그에 대해 당연히 관심을 가집니다. 그들은 자기 아이들을 당신 아이와 같은 학교에 보내고 있고, 같은 상점에서 장을 보고 있으며, 또 같은 교회를 다니고 있기 때문입니다.

지역에서 만들어진 제품을 구매하는 또 하나의 이유는 당신이 구입하는 유기농 농산물이 진짜로 유기농이며, 건강에 더 좋을 가능성

4. 용기의 용량 단위. 영국 0.473ℓ, 미국 0.568ℓ

이 크기 때문입니다. 대부분의 지역농민들은 자율적인 협동조합으로 조직되어 있습니다. 판매자가 자기가 생산한 것에 대해 거짓정보를 퍼뜨리면, 즉시 누군가가 그에 대한 증거를 요구할 것입니다.

또 지방정부의 식품에 대한 검사규정과 검사제도는 보통 수입 농산물에 적용되는 것보다 훨씬 더 까다롭습니다. 이 사실은 2007년 중국에서 수입한 멜라민 첨가 곡물을 미국이 애완동물의 사료로 사용해 수천 마리의 개와 고양이가 죽은 사건이 발생했을 때 잘 드러났습니다. 현재 미국정부는 수입 식재료에 대한 검사를 개인과 기업의 손에 광범위하게 위임하고 있습니다.

저는 개인적으로 우리 가족이 먹는 음식에 있어 익명의 다국적 기업보다 유기농을 재배하는 지역의 농민들을 훨씬 더 믿고 신뢰합니다. 만일 그들이 환경을 더럽힌다면, 그들 스스로 고통을 받게 됩니다. 그들은 땅을 정성스럽게 가꾸고, 자원을 책임 있게 이용하며, 화학제품 사용을 피해야 할 충분한 동기를 가지고 있습니다.

또한 그들은 집에서 기르는 동물들을 학대하지 않습니다. 하지만 기업형 축산업자들은 대개 사육하는 동물들에게 큰 고통을 주고 있습니다. 예를 들어, 닭을 키우는 것만 봐도 그들은 대부분 '커다란 사육농장battery farms'을 운영하며, 좁은 닭장에서 4~6마리의 암탉들을 키웁니다. 돼지는 몸도 돌릴 수 없을 정도로 좁은 우리에 가두어 사육합니다. 그리고 이 동물들을 빨리 키워서 도살장으로 보내기 위해 성장호르몬을 계속 주입합니다. 저는 우리들 대부분이 이러한 사육방법을 지지하지 않을 것이라고 확신합니다.

그런데 여기서 당신이 자기 지역에서 생산된 식품을 사건 수입한 식품을 사건, 어떤 식품이 다른 식품보다 더 많은 온실가스 배출을 가져온다는 사실은 여전히 남습니다. 소고기를 생산하는 것은 감자를 재배하는 것보다 환경적으로 훨씬 큰 피해를 줍니다. 전체적으로 볼 때, 채소류의 생산이 육류의 생산보다 대기에 미치는 영향도 훨씬 적습니다. 그리고 재활용 여부와 상관없이 포장식품이 포장되지 않은 식품보다 제품 주기 동안 온실가스 배출을 더 많이 합니다.

하지만 대부분의 이른바 녹색 생산자들이 아직도 이 기본적 개념을 잘 이해하지 못하고 있습니다. 가령, 커피 소매상을 예로 들어 보겠습니다. 최근 공정무역과 유기농 커피를 내세우는 커피 판매상들이 점점 증가하는 추세에 있습니다.

저를 포함하여 커피를 좋아하는 사람들은 500g짜리 커피 한 봉지를 사면, 커피를 재배하는 원산지의 농부들이 더 많은 돈을 벌 수 있다는 생각에 기뻐합니다. 평균적으로 소매가 1달러당 1센트가 농부들의 몫이지만, 공정무역을 하면 1달러당 5센트가 농부들의 몫으로 돌아가기 때문입니다.

그러나 사실 제품 전 과정의 비용을 감안한다면, 분해가 잘 되지 않는 강화 폴리에스터 필름으로 된 마일라Mylar[5] 포장이 문제가 됩니다. 물론 에디오피아산 유기농 커피를 마시면서 행복감을 느끼는 것을 탓할 수는 없겠지만 말입니다.

---

5. 미국 뒤퐁사가 생산하는 강화 폴리에스터 필름의 상표명

08_ 선물하기

당신의 꼼꼼한 장보기는 청과물 가게나 동네의 커피 가게에서 끝나지 않습니다. 선물은 어느 나라에서나 중요한 문화의 일부로 여겨지는데, 특히 겨울철 휴가 시즌엔 더욱 그렇습니다. 요즘엔 특히 부모님, 부부, 친구들끼리 선물하기 시합에서 서로 한발이라도 앞서려고 총력전을 펼치는 모습이 자주 연출됩니다. 예를 들면, 미국인들은 추수감사절과 설날 사이에 주당 100만 톤 이상의 쓰레기를 추가로 만들어 냅니다.

자, 이제 포장된 선물을 주는 것을 멈출 때입니다. 당신의 생각을 모르는 바 아닙니다. '그래, 나도 지구를 구해야 한다는 걸 알고 있어. 하지만 크리스마스를 망칠 수는 없잖아!'라고 생각하시죠? 그렇다고 해서 선물을 하지 말라는 것이 아닙니다. 저는 다만 선물을 할 때 좀 더 환경 친화적이고 창조적인 전략을 짜보라고 말하는 것입니다.

그렇게 하지 않고도 다른 사람에게 애정을 표시할 수 있는 방법은 얼마든지 있습니다. 여기에 당신이 기후변화에 대한 영향을 최소화하면서도 다른 사람에게 사랑과 우정을 표시할 수 있는 방법을 몇 가지 알려 드립니다.

- **재능/서비스 상품권을 주십시오. 사랑하는 사람에게 1주일간 집안의 허드렛일이나 하루 저녁의 아이 돌보기를 약속하십시오. 또는 헬스클럽 회원권이나 동물원, 박물관 입장권을 주십시오.**
- **재생되지 않는 재료로 된 물건을 줘야 할 경우, 반드시 오래가는 물건을 주**

십시오. 건강하고 활동적인 라이프스타일을 북돋우는 스포츠 장비 등을 선물하는 것도 아주 좋은 선택이 될 것입니다.

- 사랑하는 사람이 기후 친화적 생활양식에 대해 더욱 애정을 가질 수 있도록 해주는 선물, 예컨대 환경단체 회원권, 퇴비화 컨테이너, 수동식 정원손질 도구 등을 선물하십시오.
- 당신의 개성을 표현하는 작품(카드, 책, 그림 등)을 재활용품을 활용하거나 전자형 포맷으로 만들어 주십시오.
- 친구나 이웃의 이름으로 푸드뱅크나 예술단체, 환경단체, 동물보호단체 등 가치 있는 목적에 기부하십시오.
- 재활용을 하거나 재이용을 하기 쉬운 선물을 주십시오. 좀 더 좋은 것은 정말 멋진 헌 옷이나 다른 중고물건을 주면 더 좋을 것입니다.
- 포장지를 쓰지 마십시오. 만일 꼭 포장을 해야 한다면 집 안에 있는 종이들, 예컨대 낡은 지도, 장보기 백, 달력, 선물 백이나 박스, 지나간 연하장이나 봉투 등을 이용하십시오.

마지막으로 한 가지만 더 말씀드리겠습니다. 만일 선물을 받는 사람이 당신의 선물 취향이 바뀐 걸 이해하지 못하거나 예전 방식을 더 좋아한다면 절대로 무리하게 강행하지 말고 천천히 바꾸십시오. 부모님께 크리스마스나 생일파티에 신문지로 포장한 선물을 드리는 것은 적절하지 않을 것입니다.

그리고 환경보호를 핑계 삼아 다른 사람에게 애정을 표현하지 않아서는 안 되겠지요. 만일 사랑하는 사람이 선물 주는 방식을 받아들일 수 없다는 생각이 들면 그냥 그대로 두십시오. 그 대신 다른 부분에서 기후변화에 대한 부담을 줄이면 됩니다.

09_ 장보기와 실업

당신이 이마트, 홈플러스, 롯데마트와 같은 대형 할인점의 진열대를 가득 메우고 있는 값싼 구두, 장난감, 온갖 잡화들의 원산지를 조사해 보면 한 가지 사실을 바로 알 수 있습니다. 이런 값싼 물건들 대부분이 개발도상국, 그중에서도 특히 중국에서 만들어졌다는 사실입니다.

당신이 아이들에게 사주는 플라스틱 장난감의 대부분은 환경적인 안전장치가 아예 없거나 취약한 중국의 소규모 공장들에서 생산됩니다. 사실 중국의 환경법령은 조문상으로는 훌륭하지만, 거의 지켜지지 않고 있습니다. 이 공장들은 강을 따라 건설되어 쓰레기나 유독물질을 아주 쉽게 버립니다. 그 결과 중국은 세계에서 가장 더러운 수로를 가지고 있습니다.

그리고 노동력은 싸지만, 제품 하나당 사용되는 에너지는 미국, 캐나다, 영국 등보다 훨씬 더 큽니다. 거기에다 완제품을 소비할 나라로 운반하는 데 드는 에너지를 감안해 보십시오. 그러면 이 값싼 물건들의 어두운 이면이 명백히 드러납니다. 미국에서 독립기념일 즈음에 날개 돋친 듯 팔리는 나일론 제품의 미국 국기도 대부분 중국산입니다.

그렇다면 중국산 제품에 대한 수요가 이렇게 큰 것이 반드시 월마트나 유통업체만의 잘못일까요? 절대 그렇지 않습니다. 소비자들은 자기 돈을 쓰는 방법을 선택할 수 있습니다. 만일 미국인들이 자국에서 생산된 장난감을 원한다면, 월마트는 그것을 가져다 놓을 것입니다. 자기 지역에서 생산된 제품을 산다고 해서 세계적인 유통업체나 대형 마트가 장사를 못하게 되는 일은 없습니다. 소비자가 원하면 그들도 따를 수밖에 없겠지요.

그렇다면 모든 것을 이제부터 국내에서 생산하면 안 되는 것일까요? 에너지 가격이 지속적으로 상승하면서 재생되지 않은 원료를 덜 쓰고 내구성이 좋다면 상품의 가격 경쟁력은 높아지게 마련입니다. 만약 당신이 그것을 원한다면, 한 해 걸러 10달러짜리 값싼 수입 커피 메이커를 사는 것보다 좀 비싸더라도 오래가는 국산 제품을 사는 건 어떨까요?

소비자가 품질을 가징 중요하게 치면, 소비자는 자국에서 만든 물건을 더 많이 살 것이고 국내의 고용은 오히려 늘어날 것입니다. 소비자가 품질, 내구성 그리고 재활용성을 중요시하기 시작하면 제조업체와 유통업체도 그렇게 따라가게 되어 있습니다.

10_ 야외 레저활동과 환경

우리가 대부분 참여하고 있고, 또 여기서 눈여겨보려고 하는 또 하나의 소비형태가 레저용 ORV[6]와 수상레저용품의 사용입니다. 스노모바일을 타고 숲 사이를 질주하고 ATV[7]를 타고 언덕을 달리는 게

---

6. off-road vehicle로 비포장도로용 자동차를 말함.
7. 전지형 만능차(all-terrain vehicle)로 험한 지형에도 잘 달리게 고안된 소형 오픈카를 말함.

얼마나 신나는 일인지는 저도 아주 잘 압니다. 그러나 ORV와 수상보트 엔진이 승용차나 디젤 트럭에 비해 훨씬 더 많은 오염을 발생시킨다는 것을 아십니까?

미국은 몇 년 전만 해도 연방정부에서 소형 레저용 차량 엔진의 배기가스를 규제하지 않았습니다. 한때 레저용 차량의 주종을 이루었던 전통적인 2기통 엔진은 석유와 가스의 혼합연료 중 25%에서 30%를 연소되지 않은 채로 대기와 수중으로 배출합니다. 연소되지 않은 연료에는 MTBEMethyl tertiary-butyl ether, 벤젠, 포름알데히드 등 독성물질이 포함되어 있습니다. 새로 나온 4기통 엔진은 이러한 위험을 줄여 주긴 하지만, 아직은 성능이 좀 떨어집니다.

그 밖에도 ORV가 야기하는 문제로는 소음공해와 야생동물의 서식지 파괴를 들 수 있습니다. 2006년 ORV 이용자들은 국립공원과 초원지대를 1,200만 번 이상 찾았습니다. 게다가 한 대의 ATV가 산간의 초원지대를 질주하는 것은 수백 명의 등산객이 다녀간 것보다 더 큰 피해를 줍니다. 그리고 큰 소음으로 인해 야생동물들과 등산객들이 불필요한 스트레스를 받기도 합니다.

만약 당신이 다음 번에 야외로 나가게 되면, ATV나 산악자전거는 집에 두고 가십시오. 사실 두 발로 자연세계를 체험하는 것만큼 신나는 일은 없습니다. 기술문명과 현대생활이 가져온 온갖 근심거리는 뇌두고 가십시오. 당신이 진정으로 생태계의 일원이 되려 한다면, 조망을 해치지 않고 생명체들을 쫓아내지 않은 채 있는 그대로의 자연과 만나야 합니다. 자연의 평온함을 깨뜨리고 그들의 활동을 방해해서는 안 됩니다.

저희 할머니는 저에게 발로 자연과 소통하는 좋은 방법을 가르쳐 주셨습니다. 할머니는 꽃을 모으는 것을 좋아하셨습니다. 그녀는 여름이면 저를 워싱턴주의 야키마에 있는 구릉지대로 데리고 가셨습니다. 우리는 캐스케이드 산맥 동쪽에 있는 사면의 산악지대를 걸으며 그녀가 수집하기에 적합한 꽃을 찾아다녔습니다.

눈부신 여름 햇살 아래 넓은 초원에서는 자연의 빛들이 대향연을 벌이고 있었고, 벌들은 감미로운 생명의 당밀을 뿌리면서 나른하게 날아다녔습니다. 눈을 이고 있는 산봉우리는 눈앞에서 어서 오라고 손짓을 하였습니다. 할머니는 모든 꽃과 나무와 새들의 이름을 알고 있었습니다. 우리는 길을 걷다가 언덕의 편편한 곳에 앉아 신선한 송어를 먹었습니다. 저는 아직도 그 기막힌 맛을 잊을 수가 없습니다.

11_ 그저 덜 쓰는 게 최고

당신이 현대 소비생활의 해로운 결과를 피하기 위한 확실한 방법은 오직 한 가지입니다. 그저 덜 쓰는 것입니다. 그리고 소비를 해야 한다면, 환경에 영향이 가장 적은 제품을 선택하도록 노력해야 합니다. 대체로 내구성이 높고, 포장을 덜하고, 지속 가능한 원료를 쓰고, 재이용이나 재활용을 할 수 있고, 운반비가 덜 드는 그런 제품을 구입하면, 당신의 기후발자국을 줄일 수 있습니다.

아이들을 데리고 쇼핑몰에 가거나 산악자전거로 숲을 달리기보다는 집에서 저녁시간을 즐기거나 좋아하는 자연산책로를 가볍게 걸어

보십시오. 그리고 배우자 또는 당신에게 소중한 사람과 대화를 나누면서 소통을 하십시오. 상품 판매자나 광고업자들이 당신의 인생을 좌지우지하게 내버려 두지 마십시오. 당신 스스로의 인생을 사십시오. 그리고 지구를 구해 주십시오.

⏱ 실행 팁

• **표본가구가 음식물과 쓰레기를 줄이기 위해 할 수 있는 일들은 다음과 같은 것이 있습니다**

01 | 육류소비를 줄이고, 생선이나 채소처럼 온실가스 배출이 적은 식품의 소비를 늘리십시오.

02 | 재활용률을 60%까지 늘리고, 쓰레기의 총량을 25%까지 줄이십시오.

• **좀 더 절약하려면 다음의 것을 실천하면 됩니다**

01 | 과도하게 포장된 식료품은 피하십시오.

02 | 육류소비, 특히 붉은색 육류의 소비를 줄이십시오.

03 | 신토불이 유기농 제품을 구입하십시오.

04 | 장거리 운송이 필요한 제철 아닌 식품은 삼가십시오.

05 | 직거래 장터를 자주 이용하십시오.

06 | 퇴비화를 좀 더 자주 활용하십시오.

07 | 학대한 동물로 만들어진 낙농제품은 피하십시오.

08 | 지속 가능한 원료로 만들어진 식품을 이용하십시오.

09 | 재능이나 서비스 상품권과 같은 선물을 하십시오.

10 | 포장지와 여타 포장재 사용을 줄이십시오.

11 | 물건을 적게 사십시오.

12 | 장보기 시간을 줄이십시오.

13 | 레저용 차량을 사용하지 마십시오.

기후 친화적으로 길 떠나기

01 자동차에 열광하는 현대인
02 비싼 자가용 소유비용
03 새 차와 중고차
04 이미 보유하고 있는 차 200% 활용하기
05 대중교통 혹은 인간동력: 깨끗하고 값싼 대체수단
06 비행기에 대하여
07 속빈 강정, 바이오 에탄올
08 바이오 디젤
09 전기 자동차, 수소 자동차
10 결론
• 실행 팁

01_ 자동차에 열광하는 현대인

산업화 시대의 총아인 자동차에 대한 열광적인 사랑이 지난 100여 년 이상 지속되고 있습니다. 헨리 포드Henry Ford가 최초로 자가용이라는 개념을 대중화시킨 이래 자동차는 개인의 자유를 가장 상징적으로 나타내는 재산목록 1호가 되었습니다.

이 커다란 기계장치의 운전대 앞에 맨 처음 앉았을 때를 기억해 보세요. 두려웠지만 흥분되지 않았던가요? 가속기에 발을 올리자 엔진소리가 빨라졌지요. 그리고 이 무거운 짐승을 길들여 복종시키려고 브레이크를 밟았을 때 들렸던 "끼익" 하는 소리를 기억하나요?

대부분의 사람들은 자동차운전면허증을 따는 일을 일생의 가장 중요한 사건으로 생각합니다. 그 코팅된 작은 종이 증명서 하나가 새로운 생활을 여는 티켓이자, 청소년에서 어른이 되는 성인식인 셈입니다.

하지만 불행히도 이러한 자동차에 대한 열광적 사랑의 이면에는 어두운 현실이 자리하고 있습니다. 선진국에서 팔리는 모든 차들은 사실상 재생이 안 되는 화석연료로 움직입니다. 미국의 경우만 해도 자가용이 도처에 깔려 있어 가구당 가족 수인 1.8명보다 자가용 수가

1.9대로 더 많습니다.

그런데 자가용 소유는 이렇게 확대되었는데, 연료의 효율은 그대로입니다. 경제 전반에 걸쳐 기술의 진보는 계속 이루어졌지만, 2007년 현재 미국 자동차의 평균 연비는 1980년대 수준인 갤런당 23~24마일23~24mpg[1] 수준에 머물러 있습니다.

다른 나라에서는 다행히도 연비 향상에 약간의 진전이 있었지요. 개발도상국인 중국과 인도는 자동차의 연비 기준을 30mpg12.9km/ℓ 로 정했으며, EU는 그보다도 훨씬 높습니다. 그럼에도 불구하고 지구상에 굴러다니는 자동차의 98%가 바이오 디젤이나 다른 대체 에너지가 아닌 화석연료를 쓴다는 사실에는 변함이 없습니다.

위에서 본 두 가지 경향은 위험한 한 쌍이 되어 대기와 OECD 경제 그리고 국가의 안보를 위협하고 있습니다. "우리는 석유에 중독되어 있습니다"라는 부시 대통령의 연설은 허리케인 카트리나Katrina가 뉴올리언스를 초토화시키고 몇 개월이 지나 평균 휘발유 가격이 ℓ당 79센트로 치솟자 미국 국민의 공감을 샀습니다.

그렇다면 당신은 이 중독이 얼마나 심한 것인지 아십니까? 2006년에 미국은 하루에 2천만 배럴bpd[2] 이상의 석유를 사용했습니다. 그중에서 60% 이상이 수입된 것입니다. 이미 눈치를 챘을지도 모르지만, 그중에서 40%가 자가용 차량에 쓰이고 있습니다. 만약 미국이 계속 이런 식으로 나간다면, 2025년에는 하루 석유 소비가 2,600만~3,300만 배럴에 이를 것이라고 합니다.

---

1. 1mpb는 미터법으로 환산하면 0.43km/ℓ 이므로 9.78~10.2km/ℓ 에 해당된다.
2. 1배럴(barrel)의 원유는 약 0.136톤에 상당하므로 1일 272만 톤에 달하는 양이다.

그렇다면 도대체 이 많은 석유는 어디서 날까요? 선진국에서는 아닙니다. 새로운 석유채굴 기술에도 불구하고 미국과 유럽의 매장량은 최고점에 도달했거나 이미 줄어들고 있습니다. 캐나다는 비록 생산이 늘고는 있지만, 그중 일부는 전통적인 원유시추 방식보다 토양과 수질을 훨씬 많이 오염시키는 오일샌드oil sand에서 석유를 분리하는 방식입니다.

석유생산이 늘고 있는 곳은 대부분 중동, 러시아 등과 같이 잠재적인 불안을 안고 있는 지역입니다. 그래서 이란이 핵 프로그램을 확대한다고 위협하거나 이라크와 사우디에 있는 유전이 테러리스트의 공격을 받으면, 원유가가 치솟아 주식시장이 곤두박질치고 이자율이 상승 압력을 받는 것입니다.

사실, 석유가 어디서 나는가는 그리 중요하지 않습니다. 중요한 것은 당신이 석유의 사용을 계속 늘리는 한 온실가스 배출도 계속 늘어난다는 것입니다. 이대로 두면 안 된다는 것은 명백한 현실입니다. 그리고 한 가지 더 확실한 게 있습니다. 이 문제들이 하룻밤 사이에 생겨난 것이 아니라는 것입니다. 또한 석유산업이나 자동차산업 그리고 정부와 같은 권력자들은 이런 상태를 바꾸는 데 그다지 적극적이지 않다는 것입니다.

따라서 정부가 내연 기관에 대한 열광적인 사랑을 고칠 때까지 막연히 기다려서는 안 됩니다. 2050년까지 기후를 안정화시키는 데 필요한 70% 이상의 온실가스를 감축하려면, 이제 이 문제를 당신 스스로의 손으로 해결하기 위해 나서야 합니다.

02_ 비싼 자가용 소유비용

자동차에 열광하는 대가는 실로 엄청납니다. 이미 당신은 기후변화가 어떻게 세계 도처의 힘없는 사람들을 괴롭혀 왔는지 살펴보았습니다. 불행한 일이지만 시장은 이런 환경적 외부효과의 경제적 비용을 모두 적절하게 합산해 내부화하기엔 너무 취약합니다. 하지만 자가용 소유로 인한 환경적·경제적 비용을 정량화하는 실제적 수치를 한 번 제시해 보도록 하겠습니다.

유럽연합에서는 온실가스를 대량으로 배출하는 회사는 일정 수준을 넘으면 추가적인 세금이나 벌금을 내도록 법으로 규정하고 있습니다. 그리고 세계에서 가장 큰 탄소배출권 거래시장인 유럽기후거래소the European Climate Exchange에서는 이산화탄소 1톤을 배출할 권리를 사고파는 거래가 이루어지고 있습니다. 2007년 3월에 거래된 2008년 12월 계약분의 경우, 이산화탄소 1톤은 약 17.50유로 혹은 23.27달러에 거래되었습니다.

미국에서는 이런 비용을 배출자가 직접 지불하지 않고 대신 자원의 질적 저하와 고갈을 감수해야 하는 사회가 지불하고 있습니다. 더구나 이처럼 화폐로 표시된 이산화탄소의 가격조차도 온실가스 배출이 지역적 혹은 지구적 생태계에 미치는 영향을 아주 과소평가하고 있습니다.

그럼에도 유럽기후거래소는 온실가스의 경제적 가치를 수치로 평가하는 출발점을 제공하고 있습니다. 기후를 의식하는 소비자라면 자동차 운행비용에 이런 탄소비용을 포함시키려 할 수도 있습니다.

표 7-1-a | 자가용 차량의 금전적 · 환경적 비용비교(2007년)

자동차유형	변속기	등급	연비 (km/L)		리터/년	CO₂/년 (파운드)	CO₂/년 (kg)	$3.00 (갤런a)	$6.00 (갤런b)
			시내	고속도로					
연비우수차종									
Mini Cooper	오토	Minicompact	9.4	12.8	1,814.4	9,600	4,354	1,440	2,880
Toyota Yaris	오토	Subcompact	12.3	14.9	1,444.0	7,640	3,465	1,146	2,292
Civic Hybrid	오토	Compact	17.0	19.1	1,077.3	5,700	2,585	855	1,710
Toyota Prius Hybrid	오토	midsize	20.4	19.1	975.2	5,160	2,341	774	1,548
Honda Accord	오토	Large	8.9	13.2	1,844.6	9,760	4,427	1,464	2,928
Honda Fit	오토	Station wagon	11.5	14.5	1,523.3	8,060	3,656	1,209	2,418
VW Passat	오토	Midsize wagon	8.5	11.9	1,976.9	10,460	4,745	1,569	3,138
Toyota Tacoma 2WD	오토	Standard pickup	8.1	10.6	2,128.1	11,260	5,107	1,689	3,378
Dodge Caravan	오토	Minivan	7.2	10.2	2,317.1	12,260	5,561	1,839	3,678
Ford Escape Hybrid 4WD	오토	SUV	14.5	12.8	1,413.7	7,480	3,393	1,122	2,244
고가차종									
Ferrari F430	오토	Two seat	4.7	6.8	3,545.6	18,760	8,509	2,814	5,628
Mercedes Maybach 62	오토	Large	4.3	6.8	3,772.4	19,960	9,054	2,994	5,988
Hummer H-3 3.7L	오토	SUV	6.0	7.7	2,914.4	15,420	6,994	2,313	4,626
Maserati Quattroporte	오토	Large	5.5	8.1	2,993.8	15,840	7,185	2,376	4,752
대형 SUV									
Ford Expedition	오토	SUV	5.1	7.7	3,213.0	17,000	7,711	2,550	5,100
Cadillac Escalade	오토	SUV	5.1	8.1	3,152.5	16,680	7,566	2,502	5,004
BMW X5 4.8i	오토	SUV	6.4	8.9	2,634.7	13,940	6,323	2,091	4,182
Lexus LX570	오토	SUV	5.1	7.7	3,213.0	17,000	7,711	2,550	5,100

주) 1. 일반 무연휘발유 사용을 기준으로 작성

2. 일부 고성능 자동차의 경우 고급 휘발유(옥탄가 높음)를 사용함

3. 모델명은 미국시장에서 사용되는 것으로, 각 나라마다 다를 수 있음.

4. 본 연구는 EPA의 새로운 주행거리 등급 시스템에 사용했는데, 이 시스템은 좀 더 현실적인 운전조건에서 자동차를 테스트하는 것임. 주행거리를 계산하기 위해 사용하는 기준은 유럽연합과 미국이 약간 다름. 따라서 표에 있는 주행거리는 유럽에서 발간된 자료와 다소 다를 수 있음. 하지만 오차범위는 10% 내외임.

5. 1갤런(US gallon)=3.785L

6. a: 연평균 연료비가 $3.00/갤런인 경우 차량 유지비용, b: 연평균 연료비가 $6.00/갤런인 경우 차량 유지비용,

출처: EPA(2007b), Fuel Economy Guide: Model Year 2008(www.fueleconomy.gov/feg/FEG2000.htm)

당신도 유럽기후거래소나 개인적 공급자를 통해 직접 탄소상쇄carbon offset 계약물[3], 즉 탄소감축권을 구입하면 됩니다.

그리고 당신이 꼭 차를 사야 한다면, 환경적·경제적 요소와 영향을 감안해 차를 선택하길 권합니다. 〈표 7-1-a〉을 보면, 2007년 미국에서 판매된 차의 명단을 볼 수 있습니다. 표는 세 개로 구분되어 있는데, 첫째는 가장 에너지 효율이 높은 차종을, 둘째와 셋째는 고급 차종과 대형 SUV를 대조하여 볼 수 있습니다. 이 모델들은 해마다 시장에 따라 자주 변하기 때문에 어떤 차종을 사라고 권유할 맘은 없습니다. 다만 이것을 통해 당신의 선택이 기후와 당신의 가계부에 어떤 영향을 미치는지 보여주고 싶을 뿐입니다.

가장 연비가 좋은 차종에서는 토요타의 프리우스Prius가 가장 적은 연료를 사용하고 온실가스 배출도 가장 적습니다. 연간 연료 소비가 977ℓ에, 이산화탄소 배출이 2,341kg네요. 만약 휘발유 가격이 갤런당 3달러라면, 연간 연료비는 약 774달러가 됩니다. 이산화탄소 배출에 대한 탄소상쇄를 구매한다고 가정하면, 추가로 40~50달러이 더 들겠지요.

하이브리드 차종이 아닌 차 중에서는 토요타의 야리스Yaris가 연료 소비 1,446ℓ, 이산화탄소 배출 3,465kg로 가장 좋고, 그 다음은 왜건형 혼다 피트Fit로 연료 소비는 1,526ℓ, 이산화탄소 배출은 3,656kg이네요. 연비가 평균 20mpg8.5km/ℓ 인 닷지 카라반Dodge Caravan 같은 미니밴을 운행하면, 하이브리드 차종보다 2배 이상의 연료를 쓰는 셈이군요.

---

3. 온실가스를 줄이는 사업을 통해 확보된 배출감축량을 탄소감축권(carbon credit) 혹은 탄소상쇄(carbon offset)라고 하는데, 온실가스 배출이 불가피한 사람이 이를 구매하여 자신의 배출을 상쇄하는 제도를 뜻함.

마지막으로 포드 익스피디션Ford Expedition 같은 전형적인 대형 SUV는 무려 3,217ℓ의 연료를 소비하고, 7,711kg의 이산화탄소를 배출하며, 연료비도 연간 2,550달러나 되는군요.

한편, 한국의 독자들을 위하여 〈표 7-1-b〉를 첨부하였습니다. 이를 참고하여 이산화탄소를 줄이는 차종을 선택한다면, 지구를 살리는 데 큰 도움이 될 것입니다.

표 7-1-b | 국내 자동차 온실가스 배출 비교

차종	연비(km/L)	CO_2 발생량 (g/km)	연간 연료 소비량 LPG		연간 연료비	
			LPG	휘발유	LPG ₩1,000	휘발유 ₩1,800
기아 포르테 1.6LPI 하이브리드	17.80	106.60	1,123.60		1,123,596	
현대 아반테 1.6LPI 하이브리드	17.80	106.80	1,123.60		1,123,596	
현대 모닝 1.0 LPI	17.60	128.40	1,136.36		1,136,364	
GM 대우 마티즈 LPG	13.60	134.90	1,470.59		1,470,588	
현대 엑센트 1.4 가솔린	16.10	137.50		1,242.24		2,236,025
쌍용 체어맨 W 3.6	7.30	307.70		2,739.73		4,931,507
삼성 르노 New SM5	12.10	200.70		1,652.89		2,975,207
현대 아반테 1.6 GDI	16.50	162.10		1,212.12		2,181,818
현대 소나타 2.4 GDI	13.00	195.20		1,538.46		2,769,231
현대 그랜저 3.3 가솔린	10.10	229.00		1,980.20		3,564,356
기아 포르테 2.0 가솔린	16.50	181.60		1,212.12		2,181,818
기아 오피러스 3.8 CWT	9.00	244.50		2,222.22		4,000,000
르노삼성 New SM5 LPLi	9.60	190.40		2,083.33		3,750,000
현대 소나타 2.0 LPI (NF)	11.50	200.60	1,739.13		1,739,130	
현대 그랜저 2.7LPI	7.50	215.90	2,666.67		2,666,667	
기아 K5 2.0LPI	10.70	192.60	1,869.16		1,869,159	
기아 그랜드 카니발 2.7 LPI	6.80	246.40	2,941.18		2,941,176	
토요타 PRIUS 하이브리드	29.20	80.00		684.93		1,232,877
토요타 CARMY 하이브리드	19.70	116.00		1,015.23		1,827,411
혼다 시빅 하이브리드	23.20	101.00		862.07		1,551,724
푸조 308 1.6 H	21.20	120.00		943.40		1,698,113

1. 연간 20,000km 시내 주행을 가정
출처: 환경부 2011년 1월 6일자 발표 인용

그런데 만약 휘발유 값이 갤런당 3달러에서 4달러나 6달러로 올라간다면 어떻게 될까요? 6달러라면 자가용 보유비용은 두 배가 되어 수천 달러가 더 드는 것이 당연합니다. 일본, 영국 그리고 독일 운전자들은 이런 사실을 잘 알고 있습니다.

2003년 시애틀의 중산층 가구의 세전 소득은 연간 약 48,000달러였습니다. 그런 형편에 두 대의 익스피디션을 굴린다는 것은 자동차 연료비로 세후에 10,000달러를 쓰는 것과 같습니다. 그리고 여기에다 감가상각, 수리비, 보험 등을 더하면 많은 가정이 집의 담보대출금이나 아이들 교육비보다 더 많은 돈을 자동차에 쏟아붓는 꼴이 됩니다.

자가용 보유 총비용true cost to own, TCO을 보다 잘 알아보고 싶다면, www.edmunds.com/apps/cto/CTOintroController를 방문해서 체크를 해보시기 바랍니다. 단, 이 수치들은 미국시장을 기준으로 한 것임을 잊지 마십시오. 이를 통해 당신은 도로 위에 굴러다니는 모든 차종에 대해 비교적 정확한 TCO 추정치를 알아볼 수 있습니다.

저도 지난 번 몰던 신차의 총비용을 계산하고 나서 이 작은 쇳덩어

표 7-2 | 2007년형 볼보(Volvo) 소유에 따른 실제 총비용(단위: 달러)

비용	1년 차	2년 차	3년 차	4년 차	5년 차	5년 총계
감가상각	9,782	4,900	4,313	3,822	3,429	26,246
융자금 상환	2,999	2,429	1,811	1,141	416	8,796
보험	1,571	1,626	1,683	1,708	1,803	8,391
세수 및 수수료	3,448	50	50	50	50	3,648
연료	1,910	1,967	2,026	2,087	2,150	10,140
유지비	151	731	483	1,129	1,095	3,589
수리비	0	0	0	575	881	1,456
총계	19,861	11,703	10,366	10,512	9,824	62,266

주) 미국 기준임. 차량 사양은 볼보(Volvo) S-80 2.9.
출처: Edmunds(2007)

리 친구 하나를 유지하는 데 얼마나 많은 유지비가 들어가는지 알고 나서 충격을 받았습니다. 바로 그 내역이 〈표 7-2〉에 나와 있습니다.

차 두세 대를 놓을 수 있는 주차장을 가지고 살아가는 대부분 사람들에게는 이상하게 들릴지 모르지만, 그 식구가 차 한 대로 살아간다고 생각해 보세요. 에드문트Edmund's사의 계산을 통해 저는 지난 18년간 결혼생활을 하는 동안 자동차 1대와 대중교통을 이용했더라면, 총 10만 달러 이상을 절약할 수 있었다는 것을 알게 되었습니다.

이를 은행에 예금하고 복리로 이자를 받는다면 그 금액은 훨씬 더 커집니다. 가령, 연 5%의 수익률만 계산해도 이 적은 종자돈이 25년 후엔 무려 33만 8,000달러가 됩니다. 이것만 가지고도 편안한 노후를 보내는 데 큰 보탬이 될 수 있는 금액을 저는 벌게 되는 것입니다. 게다가 이 계산에는 자가용 사용이 줄어듦으로써 발생한 사회적·환경적 이익은 빠져 있습니다.

03_ 새 차와 중고차

가족의 차를 선택하다 보면, 새 차를 선택할 것인지 중고차를 선택할 것인지 논쟁이 일게 마련입니다. 순수하게 돈만 따지자면, 새 차를 사는 것이 중고차를 사는 것보다는 더 비쌉니다. 감가상각 때문이죠. 평균적으로 새 차는 산 지 1년 이내에 25% 이상의 가치가 상각됩니다. 그런데 때로는 중고차를 사는 것이 온실가스 관점에서 보면 최선의 선택이 될 수도 있습니다. 왜냐하면 당신이 새 차를 살 때마다 시장에 새 차에 대한 수요가 있다는 신호를 보내 자동차업체가 생산을 계속 늘리기 때문이죠. 생산이 많아지면 온실가스가 늘어나는 것은 당연합니다. 따라서 중고차 한 대를 사면, 새 차 한 대를 생산하는 것을 억제하는 결과를 가져오는 셈입니다.

하지만 새 차의 연비가 기존의 중고차보다 더 좋은 경우는 예외입니다. 예를 들어, 몇 년 전 하이브리드차가 시장에 나왔을 때가 바로 그렇습니다. 이 차종의 에너지 사용 특성이 당시 다른 차종보다 훨씬 뛰어나서 운행 기간 동안의 에너지 절약분이 그들의 생산과 관련해 들어간 에너지보다 더 컸기 때문입니다.

그렇다고 해서 가장 연료 효율이 좋은 하이브리드차가 모든 가정의 필요를 충족시키는 것은 아니라는 점이 문제입니다. 각 차종에서 하이브리드차의 모델은 극히 제한적입니다. 당신 식구가 5명 이상이고 차 한 대로 지내려고 한다면, 소형 하이브리드차는 현실적인 선택이 될 수 없습니다. 더구나 하이브리드차는 아직도 동종의 다른 차보다 3,000~10,000달러 가량 비쌉니다. 따라서 자신의 필요를 충족시키면서도 가장 작고 가장 연료 효율이 높은 차를 구입하길 권합니다.

04_ 이미 보유하고 있는 차 200% 활용하기

대부분의 경우 돈도 아끼고 공기를 살리는 가장 좋은 방법은 현재 가지고 있는 차를 200% 활용하는 것입니다. 여기서 기존 차량을 최적으로 사용하려고 할 때, 고려해야 할 사항을 정리해 보았습니다.

- 우선 자동차 사용을 줄이는 것이 배출을 줄이고, 자동차의 수명을 늘리는 최선의 방법입니다. 단거리 이동(small trips)[4]이나 카풀(car-pooling) 혹은 대중교통을 이용하는 것도 고려해 보세요.

- 에너지를 절약하는 운전습관을 가지세요. 가속 페달이나 브레이크 페달을 급히 밟는 행위와 같은 거친 운전습관은 연비를 33%까지 낮춥니다. 완전히 정지한 상태에서는 천천히 가속 페달을 밟고 제한속도와 비슷한 속도로 주행하세요. 60mph(95km/h) 이상에서 속도를 5mph(8km/h) 올릴 때마다 연비가 10%씩 떨어집니다.

- 정품 엔진오일을 쓰고 타이어는 적절한 공기압을 유지합니다. 연료를 5% 더 절약할 수 있습니다.

- 정기적으로 자동차 엔진을 조정하고 필요할 때마다 에어필터를 교체하세요. 연비가 4% 더 좋아집니다.

- 공회전을 피하세요. 공회전 때는 연비가 0입니다. 차가 막혀 30초 이상 공회전 상태이면, 엔진을 끄고 나중에 출발할 때 시동을 다시 거세요. 연료가 절감됩니다.

- 창문이나 선루프를 닫고 차의 공기역학적 특성을 저해하는 물건은 차에 두지 마세요.

- 쓸데없이 무거운 물건은 차에 두지 마세요. 45kg 이상인 물건이 추가되면, 연비가 2% 가량 낮아집니다.

---

4. 단거리를 자전거나 버스, 지하철 등으로 이동하는 것

05_ 대중교통 혹은 인간동력: 깨끗하고 값싼 대체수단

자동차보다 더 친환경적인 이동수단이 있습니다. 도회지나 근처에 사는 사람들은 대중교통을 이용할 수 있습니다. 자가용보다 90% 이상 기후 친화적이고 가격도 싸지요. 대부분의 사람들은 전등이나 온수 없이는 살 수 없습니다. 그러나 자가용은 굳이 없어도 많은 사람들이 살아가는 데 별로 지장이 없습니다.

그렇다면 여러 형태의 대중교통 수단이 대기에 미치는 영향을 한 번 비교해 볼까요? 〈표 7-3-a〉는 교통수단에 따른 온실가스 배출량을 보여주고 있습니다. 1인당 연간 12,000마일19,312km을 주행한다는 가정에서 계산된 수치입니다.

이 논의를 시작하기 전에 우선 한 가지 말을 하자면, 사실 각각의 교통수단이 기후에 미치는 영향은 무수히 많은 요소가 작용한다는 것입니다. 승차인원, 속도, 엔진특성, 사용연료, 전기생산에 드는 연료의 믹스[5], 차량을 제조한 국가, 환경적 특징 등이 영향을 미칩니다.

그러나 지난 연구들을 보면, 운송수단별로 나라별 평균값이 나타납니다. 위 표의 수치들이 당신이 사는 곳의 상태를 정확히 반영하지 못할 수는 있지만, 교통수단 사이에 어떤 차이가 있는지는 대체적으로 보여줄 것입니다.

EU의 통계에 따르면, 이들 여러 종류의 도시 대중교통 수단 중에서 버스를 탔을 때 1인당 온실가스 배출량이 가장 낮다고 합니다. 바로 뒤이어 지하철인데, 12,000마일19,312km을 가는 데 1인당 302kg의

---

5. 전기생산에 들어가는 연료(석탄, 석유, 가스, 원자력, 수력 등)의 구성비를 뜻함

표 7-3-a | 교통 구역(Transportation Zone) 워크시트 (단위:미국 마일)

교통수단	CO₂/년 (파운드) 12,000마일	현재 소비량 및 발생량 (연간)		목표 소비량 및 발생량(연간)		
		마일/년	CO₂/년 (파운드)	마일/년	CO₂/년 (파운드)	차이*
대중교통						
버스	466	0.00	0.00	40,000	155	-155
열차	791	0.00	0.00	4,000	264	-264
지하철	665	0.00	0.00	2,000	111	-111
보트	1,100	0.00	0.00	1,000	92	-92
비행기	9,360	6,000	4,680	6,000	4,680	0.00
전차(tram)	1,424	0.00	0.00	0.00	0.00	0.00
트롤리(trolley)	1,266	0.00	0.00	1,000	106	-106
부분합계		6,000	4,680	18,000	5,407	-727
개인교통						
자전거	228	0.00	0.00	0.00	0.00	0.00
Prius	5,160	0.00	0.00	0.00	0.00	0.00
Honda Fit	8,060	0.00	0.00	0.00	0.00	0.00
Honda Accord	9,760	12,000	9,760	0.00	0.00	9,760
Caravan	12,260	12,000	12,260	12,000	12,260	00
Expedition	17,000	0.00	0.00	0.00	0.00	0.00
당신의 차종은?	0.00	0.00	0.00	0.00	0.00	0.00
부분합계		24,000	22,020	12,000	12,260	9,760
총계		30,000	26,700	30,000	17,667	9,033

주) 1. 1갤런의 연료를 태우면 20파운드(9.072kg)의 이산화탄소 배출함. 여러분의 CO₂ = (사용량/년)×20
(www.fueleconomy.gov나 www.climatediet.com/tables.asp에 가서 각자 계산해 보시기 바람)
2. CO₂/년= (CO₂ /12,000마일). 1마일 = 1.609344km. 12,000마일/년(19,312.1km)
3. 수치는 속도, 수용 인원, 크기에 따라 달라질 수 있음
4. 대중교통의 수치는 EU 평균에 기초하며, 1인당 사용량과 평균 도시 승객 점유율(urban occupancy rate)을 반영함. 택시의 수치는 승객 한 사람을 가정함. 버스, 지하철, 트롤리의 경우, 장거리(long-haul) 사용이 아닌 시내구간을 나타냄
5. *는 이산화탄소 발생량 차이

출처: European Commission Joint Reserch Center(2005), 제트(Jet) 배출량은 Terrapass.com(2007)과 European Commission, DG Environment(2005a)

온실가스를 만들어 내는군요. 놀랄 일은 아니지만 택시를 타는 것이 가장 덜 친환경적이네요.

대중교통을 이용하는 것이 기후에 미치는 영향을 계산하려면, 위 표에 나온 교통 구역 워크시트를 이용해 보기 바랍니다. 앞에서 가정한 2대의 자가용을 사용하고 있는 교외의 가족을 생각해 보십시오. 자가용은 연간 8,710kg 이상의 온실가스를 배출합니다. 여기에 1년에 한 번 할머니 집에 가느라 비행기를 탄다고 가정해 보면, 2,123kg가 추가적으로 배출됩니다.

그런데 이 가족이 12,000마일을 움직이는 데 대중교통을 이용한다면 어떻게 될까요? 총 온실가스 배출량은 4,086kg 이상 줄어듭니다. 이는 우리의 표본가구에서 1년간 난방에 사용하는 에너지가 기후에 미치는 영향과 거의 동일합니다. 이것만으로도 당신은 이미 동메달을 딴 겁니다. 당신이 종합반 과정에 있어 자신의 경우를 계산하고 싶다면, www.climatediet.com/tables.asp에 가서 워크시트를 다운받으세요. 그리고 앞에서 한 것처럼 붉은 칸에 수치를 써넣으면 됩니다.

〈표 7-3-b〉은 한국의 독자들을 위하여 마련하였습니다. 4인 가족으로 아버지는 그랜저3.3으로 연간 20,000km를 다니고, 어머니는 아반테 하이브리드차로 두 아이들을 학교에 통학시키며 5km 떨어진 시장에 들릅니다. 또 두 부부는 매년 1회 미국의 LA로 휴가를 갑니다. 집에서 학교까지의 거리는 두 자녀 모두 10km인데, 한 학교는 지하철이 닿고 다른 학교는 버스만 가능합니다.

만약 이들 가족이 그랜저3.3을 타지 않고 대신에 아버지는 아반테 하이브리드차를 운행하고 장거리 출장10,000km에는 KTX를 탑니다.

표 7-3-b | 교통 구역(Transportation Zone) 워크시트 (단위:m)

교통형태	배출계수 gCO₂/ 인·km	현재 소비량 및 발생량 (연간)		목표 소비량 및 발생량(연간)		차이*
		km/년	CO₂/년(kg)	km/년	CO₂/년(kg)	
대중교통						
버스	27.70	0.00	0.00	4,800.00	132.96	(132.96)
일반열차	20.00					0.00
KTX	30.00	0.00	0.00	10,000.00	300.00	(300.00)
지하철	1.53	0.00	0.00	4,800.00	7.34	(7.34)
비행기	150.00	38,416.00	5,762.40	18,536.00	2,780.40	2,982.00
택시(소나타)	195.20	0.00	0.00	0.00	0.00	0.00
부분합계		38,416.00	5,762.40	28,968.00	3,220.70	2,541.70
개인교통						
자전거	5.36	0.00	0.00	1,500.00	8.04	(8.04)
아반테 하이브리드	106.80	6,300.00	672.84	10,000.00	1,068.00	(395.16)
그랜저3.3	229.00	20,000.00	4,580.00	0.00	0.00	4,580.00
르노삼성 New SM5	200.70	0.00	0.00	0.00	0.00	0.00
부분합계		26,300.00	5,252.84	11,500.00	1,076.04	4,176.80
총계		64,716.00	11,015.24	40,468.00	4,296.74	6,718.50

주) 1. 서울 - LA: 9,604km, 서울 - 싱가포르 4,635km)
　2. *는 온실가스 발생량 차이
출처: 〈저탄소형 녹색행사 가이드라인〉, 환경부 2008년

두 자녀는 이제 각각 지하철과 버스로 통학합니다. 그리고 두 부부는 휴가를 이제 가까운 싱가폴로 다녀오기로 했습니다. 어머니는 시장을 보러 자전거를 탑니다. 편의상 학교는 연간 240일 다니는 것으로 가정했습니다. 이 경우 온실가스 배출이 얼마나 줄어드는지 알아보겠습니다. 무려 6,719kg이나 줄어듭니다.

이 주제에 대한 논의를 끝내기 전에 도회지에서 출퇴근하는 사람

들에게 가장 에너지 효율이 높고 기후 친화적인 교통수단 즉, 자전거에 대해 한 말씀 드리겠습니다. 일반적으로 믿고 있는 것처럼 인간동력을 활용한 교통수단이 온실가스를 전혀 배출하지 않는 것은 아닙니다. 화석연료를 쓰는 것과 마찬가지로 인간 또한 A지점에서 B지점으로 가려면 칼로리라는 형태의 에너지가 필요합니다.

그러나 자전거를 타면 자가용을 굴리는 것보다 50배까지 에너지 효율을 높일 수 있습니다. 자동차에 드는 에너지의 95% 이상이 그 차를 타는 사람이 아니라 그 차를 움직이는 데 사용된다고 합니다.

자전거는 에너지 효율뿐만 아니라 개인이나 사회에 수많은 다른 편익을 제공합니다. 다른 운동과 마찬가지로 자전거를 타면 우리의 육체와 정신이 건강해집니다. 특히 연소로 인한 입자성 배기가스가 전혀 없습니다. 주차하는 것도 거의 문제가 되지 않지요. 자전거는 그야말로 현대 도시를 숨 막히게 하는 소음과 매연 차량을 대신할 정말로 조용한 교통수단입니다.

사실 많은 도시에서 자동차 진입을 엄격하게 제한하거나 완전히 금지시키고 난 후 도심은 새로운 생활과 활력을 되찾았습니다. 출퇴근 시간에 서로 먼저 가려고 도로에서 전쟁을 치르던 사람들이 일터로 가면서 서로 웃고 손을 흔드는 세상을 한 번 상상해 보세요.

06_ 비행기에 대하여

그렇다면 비행기는 어떨까요? 비행기 여행이 환경에 미치는 영향에 대해서는 격렬한 논쟁이 일고 있습니다. 온실가스 배출과 여행의 거리만을 따지자면 비행기가 1인승 자동차보다 낫습니다. 그러나 자동차의 온실가스 배출은 1인승을 전제로 한 것입니다. 만약 2명이 타고 가면 1인당 배출량은 반으로 줄겠죠.

이밖에도 고려해야 할 요인이 많습니다. 예를 들면, 여행 중에 몇 번이나 뜨고 내리는지도 중요합니다. 만약 미국에서 사우드웨스트 항공의 비행기를 타면 목적지에 도착하기 전에 어딘가를 경유할 것입니다. 기후와 공항의 혼잡도 배출에 중요한 영향을 미칩니다. 활주로에서 기다리거나 공항 위를 선회하면서 사용하는 비행기 연료가 매년 수십억 갤런이나 됩니다.

대부분 여객기의 비행고도는 해발 58,000~13,000m입니다. 결과적으로 제트 항공기는 지구 온난화에 가장 취약한 대기층으로 온실가스를 내보내고 있습니다. 제트 추진은 엄청난 수증기를 만들어 내는데, 이것이 비행구름을 형성하여 나중에 새털구름으로 발전합니다. 많은 과학자들은 이들 구름 또한 지구 온난화 효과가 있다고 믿고 있

표 7-4 | 항공기 이용이 환경에 미치는 영향

왕복여행	거리 마일	거리 Km	CO_2/km	CO_2 (Kg)	CO_2 X 2 (EU 조정값)
인천 - LA	5,968	9,604	150	1,441	2,881
인천 - 뉴욕	6,882	11,075	150	1,661	3,323
인천 - 밴쿠버	5,092	8,194	150	1,229	2,458
인천 - 토론토	6,814	10,966	150	1,645	3,290
인천 - 토쿄	760	1,223	150	183	367
인천 - 싱가폴	2,880	4,634	150	695	1,390
인천 - 파리	5,638	9,073	150	1,361	2,722
인천 - 프랑크푸르트	5,360	8,626	150	1,294	2,588

출처: 대한한공(www.koreanair.co.kr)

습니다. IPCC의 추정에 의하면, 비행으로 인한 지구 온난화 효과는 결과적으로 이산화탄소 배출로 인한 것보다 2~4배는 더 많을 것이라고 합니다. 유럽연합의 연구진도 항공의 온난화 효과가 약 2배에 달할 것이라고 결론짓고 있습니다.

그렇게 보면 제트기 연소로 인한 온실가스 승수효과를 합할 경우, 결국 택시가 그다지 나쁜 것은 아닌 셈이 되는군요. 어쨌든 요지는 가급적 비행기 여행을 하지 말라는 것입니다. 만약 비행기를 타야 한다면, 탄소감축권carbon credits을 구입하여 여행으로 발생한 배출량을 상쇄하도록 하십시오. 인천공항에서 뉴욕까지 11,075km의 비행기 여행을 상쇄하려면, 약 3.3톤의 이산화탄소 감축권이 필요합니다.

07_ 속빈 강정, 바이오 에탄올

이제 몇몇 대체 에너지에 대해 간단히 논의를 해볼까 합니다. 이것들은 석유 수입에 대한 의존을 막고 보다 청정한 교통대안을 제공하는 데 도움이 될 수도 있고 그렇지 않을 수도 있습니다. 지난 몇 해 동안 많은 사람들은 에탄올이 미래의 연료라고 생각했습니다. 미국과 유럽의 농부들은 에탄올을 생산하는 것을 소규모 농장을 되살리고 외국산 석유에 대한 의존을 줄이는 방법으로 생각했습니다.

그래서 2007년 미국의 농부들은 2차 세계대전 이래 어느 때보다 많은 옥수수를 심었습니다. 이런 바람을 타고 포드자동차와 제너럴모터스는 E-85에탄올 85%, 휘발유 15% 혼합와 같이 에탄올/휘발유 혼합유로 운행되는 '플렉스 차량flex fuel vehicle'을 홍보하고 있습니다. 미국과 유럽에서 에탄올은 대부분 재생가능한 자원인 옥수수로 만듭니다. 또 연소할 때 휘발유보다 이산화탄소 배출이 30% 가량 적습니다. 확실히 좋아 보이지요?

그런데 그 전에 몇 가지 잠재적 문제점이 있습니다. 첫째, 에탄올을 생산하는 데 드는 에너지가 그것입니다. 옥수수를 키우려면 밭을 일구고 물을 대야 하고 수확을 하면 운반을 하고 저장을 해야 합니다. 모두 에너지가 들어갑니다. 현재 이런 에너지는 화석연료로 제공됩니다. 게다가 에탄올을 생산하는 공장도 에너지를 사용합니다.

2006년 미국은 200개의 새로운 에탄올 공장을 건설하는 계획을 세웠습니다. 그리고 옥수수를 저장하고 운송하는 많은 농업협동조합들이 에너지 사업에 뛰어들고 있습니다. 이런 혁신적인 사업체들은 대부분 지역적으로 운영되지만, 이 새로운 연료를 개발하는 데 있어 그들의 경쟁자인 석유업체를 앞서고 있습니다. 그런데 문제가 있습니다. 다른 사업도 마찬가지지만, 이런 조합들도 생산비를 낮춰야 시장에서 경쟁할 수 있다는 것입니다.

그렇다면 이런 새 공장을 돌리는 데 가장 싸고 구하기 쉬운 에너지는 과연 무엇일까요? 그것은 바로 석탄입니다. 미국이 아직도 풍부하게 가지고 있는 화석연료지요. 만약 에탄올 공장이 석탄을 쓰면 미국은 에너지 자립도를 높일 수는 있겠지만, 그 비용은 어떻게 될까요? 에탄올 개발과 관련된 환경적 편익은 크게 줄어들 것입니다.

앞으로 언젠가는 에탄올을 생산하는 모든 공정에 필요한 에탄올을 확보할 날이 올 것입니다. 그러나 그날이 올 때까지는 재생 불가능한 화석연료가 그것을 생산하는 데 주된 역할을 할 것입니다. 더구나 새로운 방식을 찾지 않는 한 에탄올만으로는 전 세계의 에너지 수요를 감당할 수 없을 것입니다. 우리가 필요로 하는 하루 수백만 배럴을 대체할 정도의 옥수수나 사탕수수를 재배할 농지가 없기 때문입니다.

또한 에탄올은 휘발유보다는 깨끗하지만, 여전히 많은 온실가스를 배출합니다. 게다가 가장 유행하는 에탄올 연료인 E-85조차도 15%는 화석연료로서, 비용에 비해 환경적 편익이 생각보다는 적습니다. 섬유질 폐기물에서 에탄올을 생산하는 것과 같은 새로운 기술이 곧 등장하여 이런 상황을 바꿀지는 모르지만 말입니다.

또한 다른 요인으로도 에탄올의 편익은 줄어듭니다. E-85를 사용하는 차량의 연비는 휘발유를 사용하는 차량에 비해 현저하게 떨어집니다. 결국 E-85를 사용하는 차량의 운행비용이 올라가는 것입니다. 마침 이 책을 발간하고 있는 지금, E-85의 가격은 이미 휘발유보다도 비싸졌습니다.

그럼 연비를 한번 비교해 볼까요? 가령, 2007년형 쉐비 임팔라Chevy Impala를 운행할 경우에 휘발유를 사용하면 연비가 시내에서는 21mpg8.93km/ℓ, 고속도로에서는 31mpg13.18km/ℓ 인데 비해 E-85를 사용하면 시내에서는 16mpg6.8km/ℓ, 고속도로에서는 23mpg9.78km/ℓ 에 불과합니다. 이와 비슷하게 2007년형 쉐비 서버번Chevy Suburban을 운행할 경우에 E-85를 사용하면 연비가 시내에서는 15mpg6.38km/ℓ 에서 11mpg4.68km/ℓ 로 확 떨어집니다. 게다가 E-85를 넣은 쉐비 서버번을 몰게 되면 휘발유를 넣는 것보다 연간 수백 달러가 더 드는 것이 문제입니다.

08_ 바이오 디젤

미국과 유럽에서 최근 점점 더 많이 사용하는 또 다른 차량용 연료가 바이오 디젤입니다. 바이오 디젤의 원료는 여러 가지입니다. 일반적으로 바이오 디젤은 알코올과 식물성 혹은 동물성 지방, 오일, 그리스 등이 혼합된 것입니다. 흡사 꽉 찬 크리스코Crisco[6] 쇼트닝 한 통으로 자동차를 굴리는 것과 같지요. 에탄올과 마찬가지로 바이오 디젤도 수십 년 간 실험의 대상이었습니다. 최초의 자동차 중 몇 대는 땅콩기름으로 움직였지요.

바이오 디젤은 디젤 엔진만 있으면 거의 모든 차에 사용할 수 있습니다. 하지만 불행하게도 미국을 포함한 몇몇 나라에서는 소형 디젤 차량이 하이브리드 차량만큼 희귀합니다. 디젤이 모든 차량 연료의 절반 이상을 차지하는 유럽과는 극명한 대조를 이룹니다. 1970년대 말부터 1980년대에 한바탕 인기를 누린 후 디젤 차량은 대부분의 미국인에게서 잊혀졌습니다. 초기의 디젤 엔진은 휘발유 엔진보다 더 많은 매연을 배출했기 때문입니다.

그러나 몇 년이 지나 디젤 연료와 내연 기관은 많은 발전을 했습니다. 그래서 최신형 디젤 엔진은 휘발유 엔진보다 오히려 황화합물이나 온실가스를 덜 배출합니다. 거기서 더 나아가 휘발유가 9.07kg의 이산화탄소를 배출하는 데 비해 바이오 디젤은 고작 1.36kg 정도 밖에 배출하지 않습니다.

하지만 바이오 디젤의 중요한 문제점은 생산비가 매우 비싸다는

---

6. 미국 J. M Smucker.Co.사의 쇼트닝 제품 상표임

것입니다. 2006년 원유의 생산비가 갤런당 360달러인데 비해 바이오 디젤의 생산비는 2,900달러입니다. 그러나 원유가가 배럴 당 60~70달러 이상을 유지하고 규모의 경제가 이루어진다면 가격 경쟁력이 좋아질 것입니다.

하지만 현재로서는 바이오 디젤도 에탄올과 같은 중요한 문제를 가지고 있습니다. 2008년 현재 대부분 바이오 디젤이 재활용 원료가 아니라 콩과 같은 식량에서 만들어지고 있어 식료품 가격을 올리는 요인이 되고 있습니다.

대형 석유회사들은 이런 기술의 확산에 투자를 하거나 부추길 이유가 거의 없습니다. 자신들의 주요 제품인 원유에서 나오는 디젤유와 경쟁하기 때문입니다. 기존 방식으로 훨씬 싼 제품을 만들 수 있는데 그들이 굳이 비싼 바이오 디젤을 생산한다는 것은 말이 되지 않는 셈입니다. 하지만 에탄올과 바이오 디젤이 인기리에 사용될 수만 있다면 원유의 가격을 하락시킬 수 있을 것입니다.

09_ 전기 자동차, 수소 자동차

환경주의자, 엔지니어, 공상가들은 전기 자동차와 수소 자동차가 곧 등장할 것이라고 20여 년 이상 예측해 왔습니다. 표면적으로, 이 두 가지 신에너지 기술은 타의 추종을 불허하는 환경적 특성을 가지고 있습니다. 전기 자동차는 배기관에서 나오는 게 전혀 없고 수소 자동차는 물만 내보내기 때문입니다.

　1990년대 말 GM은 전기로 추진되는 EV-1을 출시했는데, 자동차 공학에서 차세대 차량의 위업으로 선전되었습니다. 보도에 따르면, 이 차는 8.5초 내에 0마일에서 60마일로 속도를 낼 수 있고 차량 제작 역사상 가장 낮은 항력 계수drag coefficient[7]를 가졌다고 합니다.

　그러나 이 혁신적인 차종은 몇 년 뒤 시장에서 소리없이 사라졌습니다. 그리고 GM이 차세대 전기차라고 말한 쉐비 볼트Chevy Volt는 2010년경 대량생산에 들어간다고 합니다. 이 공백을 타고 소규모 제조업자들은 기존 하이브리드 자동차용 충전기 세트plug-in kits를 출시하고 있습니다.

　하지만 이런 차에 장착되어 있는 배터리로는 오랜 시간 주행을 하지 못합니다. 그렇게 해보려고 했던 프리우스의 운전자들은 배터리 힘으로만 주행하면 배터리 수명이 엄청나게 단축된다는 사실을 알게 되었습니다.

　그리고 배터리의 지원을 받거나 혹은 독립적인 추진장치는 기존의 내연 기관에 비해 훨씬 비쌉니다. 또한 추운 지방에 살고 있는 사람들은 기온의 차이에 따라 배터리 성능이 상당히 변한다는 것도 익히 알고 있습니다. 더구나 배터리의 재활용과 처리와 관련된 문제들도 해결되어야 합니다.

　그렇다면 수소 자동차는 어떨까요? 배우이자 캘리포니아 주지사인 아놀드 슈왈제네거Arnold Schwarzenegger는 그의 SUV인 험머Hummer를 수소 자동차로 바꾸어 각광을 받았습니다. 미국 전역에 걸쳐 몇몇

---

7. 자동차의 공기 저항을 나타내는 힘을 항력이라 하고, 항력을 계산할 때 물체의 형태나 상태에 의해 결정되는 상수를 항력상수라 한다. 이것이 높으면 공기 저항이 많아 연비가 나빠진다.

지방자치단체와 큰 회사들은 소형 수소차량자동차, 버스, 트럭 등을 보유하고 있습니다. 2008년 BMW, GM 그리고 다임러Daimler 등은 시험용 수소 자동차를 각각 100대씩을 출시했다고 합니다. 물론 기후위기를 해결하기엔 턱없이 부족하지요.

게다가 안전하고 가격이 적당한 수소 자동차의 대량판매가 가능하려면 오랜 시간을 기다려야 할 것입니다. 당신이 한 대쯤 산다고 해도 수소가스를 충전할 데가 있어야 말이죠. 2006년 현재 미국에는 700마일1,126.5km의 수소 파이프라인밖에 없습니다. 천연가스는 1백만 마일1,609,300km인데 말이죠. 게다가 수소 충전소는 고작 손꼽을 수 있는 정도밖에 없습니다.

미국 에너지부United States Department of Energy, DOE는 연료의 유형에 따라 주유소나 충전소를 쉽게 찾을 수 있도록 웹사이트를 운영하고 있는데, 2007년 11월에 12개 주만이 한 군데 이상의 수소 충전소를 가지고 있었습니다. 캘리포니아 주가 37개의 충전소를 운영하거나 계획 중에 있어 선두를 달리고 있습니다. 그 대부분은 샌프란시스코와 로스앤젤레스 도심지역에 있습니다. 게다가 그중 극히 일부만 일반인이 사용할 수 있습니다.

차 가격이 높고 차를 굴릴 여건이 부족하다는 점 외에도 이 두 가지 자동차는 공통적으로 아주 중요한 문제가 있습니다. 그것은 바로 이들의 연료가 되는 전기나 수소를 생산하는 데 있어 대부분 화석연료를 사용한다는 것입니다. 수소를 생산하는 가장 저렴한 방식은 천연가스에서 수소를 분리하는 것입니다. 물론 산소와 물을 분리하는 전기분해로 수소를 만드는 것도 가능하긴 합니다.

하지만 전 세계적으로 대부분의 전기는 석탄을 이용한 화력발전소에서 생산됩니다. 만약 풍력이나 태양광으로 전기를 생산한다면 이 문제는 극복되겠지만, 그럴 확률은 거의 없습니다. 따라서 위에서 말한 이런 문제들이 해결될 때까지 전기 자동차나 수소 자동차는 기후변화에 별로 도움이 되지 못합니다. 단기적으로는 기존의 기술과 교통수단을 보다 더 잘 이용하여 참된 변화를 가져오도록 해야 할 것입니다.

10_ 결론

운송수단으로 인한 온실가스 배출은 기후변화를 일으키고 있는 가장 큰 주범 중의 하나입니다. 1990년 이래 운송수단으로 인한 온실가스 배출은 세계 거의 모든 나라에서 증가하고 있습니다. 유럽에서만 해도 매년 4% 이상씩 늘고 있습니다. 만약 이런 식으로 계속 증가한다면, EU 15개국은 교토의정서에서 정한 감축 목표량의 1/4 정도밖에 상쇄하지 못할 것입니다.

미국인들은 그들의 애마인 자동차를 포기하려 들지 않고 있으며, 미국정부는 연비 기준을 대폭 강화하는 데 반대하고 있습니다. 그러나 우리에게는 자가용을 대체할 수 있는 많은 다른 교통수단이 있습니다.

자동차만 죄인이 아닙니다. 운송분야의 온실가스 배출이 빠르게 증가하는 주요 이유 중 하나는 운송시장의 규제철폐와 저가 항공사의 성장 때문입니다. 이로 인해 항공요금이 실질적으로 내려가면서 더 많은 유럽 사람들이 비행기를 타고 다니게 되었습니다.

비슷한 이유로 아시아와 오세아니아에서도 항공여행에 대한 수요가 점차 늘고 있습니다. 싱가포르와 쿠알라룸푸르는 국제선 비행기 가격을 19달러까지 싸게 파는 저가 항공사들의 허브가 되었습니다. 중국에서도 항공여행이 연간 10% 이상 성장을 하고 있습니다.

여하튼 이제는 비행기를 타려는 유혹을 그만두어야 합니다. 몇 번의 장거리 비행으로 당신이 잘 계획한 기후 다이어트가 물거품이 될지도 모릅니다. 그렇다고 해서 출장을 가지 않고 해고를 당하는 선택을 할 수는 없겠지요. 그 때는 탄소감축권을 구입하는 것이 출장이나 여행으로 인한 기후영향을 완화시키는 최선의 방법이 될 것입니다. 출장이 잦은 사람들은 출장 대신 화상회의나 탄소감축권을 구입하도록 고용주들을 부추기면 어떨까요?

기후 친화적인 선택을 추구하는 우리 앞에 장애물들이 놓여 있지만 앞으로의 앞날은 밝습니다. 과거 어느 때보다 선택 가능한 교통수단이 많아졌기 때문입니다. 광역버스, 고속철, 그리고 경전철과 지하철이 세계 곳곳에 늘어나고 있습니다. 게다가 많은 도시에서 자전거 도로나 인도 혹은 올레길 같은 녹색교통 체제가 확대됨으로써 오랜 교통수단이었던 인간의 동력에 대해 사람들이 눈을 뜨기 시작했기 때문입니다.

· 다음은 표본가구에서 운송수단의 변화를 가져올 수 있는 방법들입니다

01| 자가용만 타지 말고 대중교통 등 다른 교통수단도 함께 사용하십시오.

· 추가적인 절약을 위하여 다음의 방법들을 실천해보시기 바랍니다

01| 자가용을 적절하게 정비하십시오.

02| 새 차를 산다면 당신의 필요를 충족시키면서 연료 효율이 가장 좋은 차를 구입하십시오.

03| 자동차 사용을 줄이는 것만이 탄소배출을 줄이고 자동차의 수명을 보존하는 최선의 방법입니다. 단거리 이동이나 카풀 혹은 대중교통을 이용하십시오.

04| 에너지를 절약하는 방식으로 운전하세요. 거칠게 하는 운전(가속 페달나 브레이크 페달을 급히 밟는 행위 등)은 연비를 33%까지 낮춥니다. 완전히 정지한 상태에서는 천천히 액셀러레이터를 밟고 제한속도로 주행하세요. 60mph(95km/h) 이상의 속도로 주행하면, 5mph(8km/h)씩 속도를 올릴 때마다 연료 효율이 10%씩 떨어집니다.

05| 정품 엔진오일을 쓰고 타이어는 적절한 공기압을 유지합니다. 연료를 5% 더 절약할 수 있습니다.

06| 정기적으로 자동차를 정비하고 필요할 때 에어필터를 교체하세요. 연비가 4% 더 좋아집니다.

07| 공회전을 피하세요. 공회전 때는 연비가 0입니다. 차가 막혀 30초 이상

공회전 상태면 엔진을 끄고 나중에 출발할 때 시동을 다시 거세요. 연료 사용이 절감됩니다.

08ㅣ 창문이나 선루프를 닫고 차의 공기역학적 특성을 저해하는 물건은 차에 두지 마세요.

09ㅣ 쓸데없이 무거운 물건은 차에 두지 마세요. 45kg인 이상인 물건이 추가되면 연비는 2% 낮아집니다.

10ㅣ 돌아다닐 때는 대중교통이나 자전거를 타거나 걸어다니세요.

11ㅣ 항공여행을 자제하세요. 휴가는 집 가까운 곳으로 가는 것이 좋습니다.

좋은 기후를 위한
공동체 전략

01 어떻게 동료를 찾을 것인가?
02 하이 윈드(High Wind) 주민의 성공기
03 환경 친화적인 공동체 만들기
04 인구증가와 대기
05 환경 친화적인 투자
06 탄소상쇄(Carbon Offset)
07 투표와 정치적 행동주의
 • 실행 팁

많은 사람들이 상습적으로 다이어트를 합니다. 그들은 "땅!"하는 소리와 함께 다이어트를 시작해 한 달 만에 4~5kg을 빼지만, 곧 예전의 몸무게로 되돌아가곤 합니다. 그리고 또 시작하고 또 찌고를 반복합니다. 그렇다면 왜 사람들은 이렇게 다이어트만 하면 실패를 할까요? 그 답은 한마디로 이웃에 있습니다. 많은 연구에 의하면, 다이어트는 친구와 함께 할 때 오래 지속되고 성공한다고 합니다.

그리고 모든 산업도 이를 토대로 성장을 해왔습니다. 차를 몰고 길을 가다보면 헬스클럽이나 휘트니스 센터의 간판을 무수히 보게 됩니다. 그냥 편하게 집에 있는 러닝머신에서 뛰면 될 것을 뭐하러 헬스클럽에 가서 할까요?

이처럼 탄소를 줄이는 일이든 몸의 지방을 빼는 일이든 다른 사람들과 함께 모여서 하게 되면 당신은 계속 전진을 하게 됩니다. 당신이 기후 다이어트에서 멀어지려고 할 때마다 공동체는 당신에게 충고와 지원을 아끼지 않을 것이기 때문입니다.

이 장에서는 기후를 의식하는 생활양식을 더 공고히 추구하게 해줄, 에너지 효율적이며 기후 친화적인 이웃을 만들고 그들을 연결하는 전략에 대해 알아보겠습니다.

01_ 어떻게 동료를 찾을 것인가?

다행히도 탄소를 줄이는 데 동참할 사람을 찾는 것은 큰 문제가 되지 않습니다. 기후 다이어트에 동참하고 싶은 사람들이 충분히 많기 때문입니다. 〈표 8-1〉을 보면 당신이 찾고 싶은 국내외 환경단체의 명단이 있습니다. 지구 온난화로 위협을 받고 있는 강, 냇물, 기타 서식처 등을 회복하는 데 기회를 제공하는 열성적인 지역 일꾼을 가진 단체를 알아보시기 바랍니다.

당신이 살고 있는 지역의 환경단체 중 마음에 드는 곳이 없다면, 본인의 마음에 드는 다른 단체와 우선 시작을 해보세요. 예를 들면, 신앙을 중심으로 한 단체가 우선 함께 하기 가장 쉬울 것입니다. 이미 강력한 공동체가 만들어져 있기 때문이죠. 성당에 다니는 분이라면 같은 교구에 다니는 동료들에게 혹시 기후변화 토론반에 들어올 생각이 있는지 물어보는 것도 좋겠지요.

이미 수천 개의 종교단체에서 이런 일들이 빈번하게 일어나고 있습니다. 2006년 10월 미국에 있는 4,000여 개의 교회에서 앨 고어Al Gore의 〈불편한 진실An Inconvenient Truth〉[1]이 무료 시사회를 열었습니다. 수백 명의 신도들이 그 기회를 통해 환경을 공부하기 시작했고 많은 교회가 가정에서 온실가스 배출을 줄이겠다는 서약에 참여했습니다.

---

1. 미국 부통령 앨 고어가 주도하여 만든 지구 온난화에 대한 다큐멘터리 영화로 2006년 아카데미상을 받음.

표 8-1 | 온실가스 관련 주요기관

탄소마일리지 운영 지자체	website
서울특별시 에코마일리지(강남구 제외)	http://ecomileage.seoul.go.kr
강남구청 탄소마일리지	http://energy.gangnam.go.kr/
광주광역시 탄소배출량 기후홍보포털	http://carbonbank.gwangju.go.kr/
경기도 과천시	http://gcgihoo.gccity.go.kr/
경기도 안산시 환경재단 에버그린21	http://home.eg21.kr
NPO/NGO	**website**
한국사회책임투자포럼	http://kosif.org
환경재단	http://www.greenfund.org
기후변화재단	http://www.climatechangecenter.kr
녹색연합	http://www.greenkorea.org
녹색연합 지방의제21 전국협의회	http://safeclimate.greenkorea.org/main.php
에너지 전환	http://energyvision.org
에너지시민연대	http://www.enet.or.kr
환경운동연합	http://kfem.or.kr/
CDP한국위원회	http://kosif.org
캠페인(Campaign)	**website**
그린스타트 네트워크	http://www.greenstart.kr
고양 그린스타트	http://www.gygreenstart.com/
자전거로 CO_2다이어트	http://www.co2diet.or.kr
그린에너지패밀리	http://www.gogef.kr
네이버 환경캠페인	http://eco.naver.com
서울기후행동	http://cap.seoul.go.kr/
해외 단체	**website**
시에라 클럽(Sierra Club, US)	http://www.sierraclub.org/
세계야생생물기금(World Wildlife Fund)	http://www.wwf.org
탄소정보공개프로젝트(Carbon Disclosure Project)	http://www.cdproject.net
그린피스 (Greenpeace)	http://www.greenpeace.org
지구의 친구들(Friends of the Earth, UK)	http://www.foe.or.uk
천연자원보호협회(Natural Resources Defense Council, US)	http://www.nrdc.org
환경운동단체	http://www.carbonrally.com
식품 탄소함량 계산기	http://www.eatlowcarbon.org/

02_ 하이 윈드(High Wind) 주민의 성공기

개인과 공동체가 큰일을 해낸 예가 하나 있습니다. 바로 제 삼촌 내외분의 경우입니다. 이분들은 '지구를 보다 천천히 걷는 데' 새로운 사고방식을 촉진하고자 노력했던 사람들이었습니다. 그들은 1970년대 석유파동과 스태그플레이션[2] 와중에 자신들의 농장에 "조합공동체intentional community[3]"를 만들었습니다.

위스콘신 주의 하이 윈드High Wind 지방의 주민들은 화석연료를 대폭 줄이는 게 실제로 가능하다는 것을 세상 사람들에게 증명해 보이자는 야심찬 전략을 세웠습니다. 그들은 최신의 에너지 보존 기술을 이용한 새로운 건축물을 짓기 위해 다락방이나 창문을 모두 완벽하게 단열이 되도록 만들었고 남향으로 집을 지어 햇볕에 최대한 노출되도록 했습니다.

그리고 맑은 날의 낮에는 큰 석조벽이나 마루, 벽난로 바닥돌 등이 햇볕으로 달구어지도록 했다가 밤에 이 에너지를 방출하게 하여 난방용 연료의 사용을 줄였습니다. 집집마다 가스스토브 대신에 효율이 높고 장작을 때는 난로를 두어 긴 겨울 동안 내부의 기온을 쾌적하게 유지토록 하였습니다.

이 조합은 또한 식량의 자급자족을 추진하였습니다. 그들은 자연식품이나 유기농 식품 소매상인 호울 푸즈Whole Foods[4]사가 출현하기 수

---

2. 석유파동(oil shock)은 1973년과 1978년 국제 유가의 급등으로 인한 세계 경제의 혼란을 의미하고, 스태그플레이션(stagflation)은 1975년 석유파동 이후 경기 불황과 물가 상승이 동시에 발생했던 현상을 지칭함.

3. 조합공동체(intentialnal community)는 통상의 공동체보다 더 강한 정치적, 경제적, 종교적, 사회적 일체성을 가진 구성원들의 공동의 목적을 수행하는 조직을 지칭함.

4. 완전식품(whole foods)란 가공하거나 정제되지 않은 식품을 지칭하는데, 여기에서는 미국의 식품 슈퍼마켓 체인점 Whole Foods Market사를 지칭함.

십 년 전부터 토지를 집약적인 유기농 단지로 만들었습니다. 땅을 전혀 갈아엎지 않거나 약간만 갈아엎어 경작을 한 결과 토양의 질이 좋아지고 메탄, 아산화질소, 이산화탄소 등의 배출이 현저하게 줄어들었습니다. 아울러 조합원들은 모든 것을 재사용하거나 재활용하는 데 앞장섰습니다. 그리고 여기서 나아가 물고기를 기르는 일까지 시도했습니다.

당신은 하이 윈드나 다른 지역의 공동체로부터 많은 교훈을 얻을 수 있습니다. 먼저 그들이 이미 1970~1980년대에 화석연료 사용을 그렇게 많이 줄일 수 있었다는 것을 감안한다면, 지금 현재 당신이 못할 이유가 없다는 것입니다. 당시 그들이 채택했던 최신 기술이 지금은 널리 보급되어 있습니다. 더구나 비용도 많이 싸졌습니다. 예를 들면, 태양광 발전에 들어가는 비용은 1970년대보다 90% 이상 낮아졌습니다. 햇볕을 최대한 받도록 집의 방향을 바꾸는 데 그리 많은 돈이 들지 않기 때문입니다.

어떤 사람들은 아직도 최첨단 에너지 고효율 기술이 부자들의 전유물이라고 생각합니다. 그러나 최근에 저의 삼촌 벨Bel에게 이 문제를 여쭈어 보았더니 비슷한 크기의 전통 건축물보다 하이 윈드에 지은 자기 집의 평당 건축비가 더 비싸지 않았다고 하더군요. 더구나 그는 가족 전체로는 수년간 수만 달러를 절약하고 300톤 이상의 온실가스 배출을 줄일 수 있었다고 했습니다.

그들은 일주일에 서너 날은 일을 하거나 장을 보러 시내에 나갔어야 했는데, 집 가까운 데서 일하고 노는 식으로 일과 사회생활을 바꾸었습니다. 또 시중에 나온 차 중에서 가장 연비가 좋은 차를 굴렸습니다. 그들이 사용했던 차는 1990년대에는 고속도로 연비가 약 50mpg21.26km/l 인 혼다 시빅Honda Civic이었고, 현재는 토요타 프리우스Toyota Prius입니다.

그렇습니다. 기후 다이어트는 돈 많은 여피족yuppies[5]만 하는 게 아닙니다. 누구라도 할 수 있습니다. 돈도 아낄 수 있을 뿐 아니라, 더 중요한 것은 이것이 옳은 일이라는 것입니다. 하이 윈드 조합을 설립한 사람들은 기술만 좇는 괴짜들이 아니었습니다. 그들의 동기는 훨씬 심오한 데 있었습니다. 그들은 무엇보다도 환경파괴로부터 이 지구를 구하고, 화석연료 중심의 그냥 쓰고 버리는 문화를 대신할 실재적이고 실행 가능한 대안이 있다는 것을 전 세계에 보여주는 도덕성 회복운동에 나섰던 것입니다.

그들은 기독교, 유태교, 불교, 힌두교, 애니미즘animism[6] 등 다양한 종교적 배경과 사회적 계층을 가진 사람들이었습니다. 하지만 그들은 공통의 유대감, 즉 지구에 대한 사랑과 지구를 지키는 구체적 행동을 취할 우선적 필요성으로 하나가 되었고, 하나의 조합공동체를 만들었습니다.

그들은 인간이라는 생물종과 자연세계와의 관계에 대한 총체적 이해를 가진 사람들이었습니다. 그들은 이런 환경윤리가 근본적으로 타당할 뿐만 아니라 모든 형태의 생명에 대한 사랑을 아우르는 종합적인 도덕성을 일깨워야 한다고 생각했습니다.

그리고 그들은 인간이 지구라고 부르는 절묘하게 잘 짜여져 있으

---

5. 도시에 사는 젊고 세련된 고소득 전문직 종사자
6. 인간만이 아니라 동물이나 식물, 무생물까지도 모두 영혼을 가지고 있다는 신앙

나 부서지기 쉬운 이 우주선이 그 수용능력을 넘어서고 있으며, 현재 인류가 가지고 있는 것이나마 잘 지켜야 한다는 것을 잘 알고 있었습니다. 그것이 바로 인류에게 유일한 선택이라고 그들은 생각했던 것입니다.

03_ 환경 친화적인 공동체 만들기

하이 윈드의 사례를 보면, 당신이 사서 쓰는 제품이나 에너지만큼이나 당신이 어떻게 살고 어떤 기능을 하는가가 중요하다는 것을 알 수 있습니다. 사실 당신은 이런 소규모 공동체에서 배운 교훈을 보다 큰 규모의 공동체에 적용할 필요가 있습니다.

도시는 종종 환경의 적인 것처럼 비춰지지만, 사실 계획만 제대로 세운다면 기후변화를 막는 데 동반자가 될 수도 있습니다. 그렇게 되면 더 효율적이고 환경의식을 가지며 더 잘 계획된 대도시 공동체의 발전을 북돋을 많은 일들이 결코 요원한 것만은 아닐 것입니다.

서부 워싱턴 주는 흔히 친환경의 도시의 모범으로 치켜세워지는 곳입니다. 그 지역 주민들은 자신들의 지구 친화적인 가치를 항상 내세우곤 합니다. 그러나 그들이 운전을 하거나 살아가는 습관을 보면 이야기는 사뭇 달라집니다.

미국의 다른 고장 사람들과 마찬가지로 워싱턴 주 사람들도 자동차를 사랑합니다. 시애틀, 타코마Tacoma, 에베렛Everett과 같은 도심지역에만 300만 명 이상이 살고 있습니다. 이 지역 대부분은 대중교통

표 8-2 | 북서지역의 휘발유와 디젤의 일주일 사용량(1인 기준, 단위: L)

지역	1인당 가스 사용량		1인당 디젤 사용량	
	1990	2004	1990	2004
워싱턴	32.9	30.7	5.3	7.6
북서부 주(States)	31.3	30.7	6.8	8.7
브리티시 컬럼비아	19.3	20.1	4.5	6.4
캐나다	21.2	22.0	4.2	6.4
미국	31.8	31.3	6.1	9.1

출처: Sightline Institute(2006)

이 잘 되어 있습니다. 다음의 〈표 8-2〉의 통계는 북서부 지역 주민들의 운전습관을 비교해 보여주고 있습니다.

2004년 워싱턴 주 사람들은 일주일에 1인당 30.7ℓ의 휘발유를 소비했습니다. 그래도 1990년의 32.9ℓ에 비하면 많이 좋아졌네요. 그리고 같은 기간에 1.5ℓ이 늘어난 미국의 다른 주보다도 좋고요. 그러나 이웃에 있는 다른 주와 비교하면 보통 수준이고, 가까운 지역인 캐나다의 브리티시 콜롬비아British Columbia 주보다는 한참 높습니다.

그렇다면 도대체 어찌된 일일까요? 브리티시 콜롬비아는 사실 워싱턴 주보다 훨씬 큽니다. 이 지역의 확 트인 공간은 아마도 알라스카를 제외하고는 미국의 어느 주에도 뒤지지 않습니다. 대부분의 브리티시 콜롬비아 주민들도 같은 사양의 자동차를 몰고 있습니다. 기후도 비슷합니다. 이런 여건이라면 누구나 브리티시 콜롬비아 사람들이 더 많은 휘발유를 쓸 것이라고 생각할 것입니다.

하지만 수십 년 전 브리티시 콜롬비아 주민들과 공무원들은 유럽의 선례를 따르기로 결정을 했습니다. 그들은 미국의 교외 주택지 모델을 따라할 수도 있었지만, 보다 인구밀도가 높은 도시 공동체를 건

표 8-3 | 도시확대(Urban Sprawl): 1990년과 2004년 비교

지역	인구		성장률	밀도(%)	
	1990	2004	1990~2000(%)	1990	2004
Boise(Idaho)	206,000	301,000	46	3	7
Victoria, BC	281,000	314,000	12	33	34
Spokane(Washington)	361,000	418,000	16	8	10
Eugene	283,000	323,000	14	10	12
Portland(Oregon)	1,175,000	1,445,000	23	23	28
Seattle(Washington)	2,562,000	3,045,000	19	21	24
Vancouver, BC	1,600,000	2,013,000	26	51	62

주) "밀도"는 밀집지역(compact community)에 사는 거주민의 비율임
출처: Northwest Environment Watch(현재 Sightline Institute), 2004

설하는 방향을 선택하였습니다. 〈표 8-3〉은 이런 추세의 결과를 보여주고 있습니다.

2000년에 벤쿠버Vancouver 도시 인구의 60% 이상이 밀집지역에 거주하고 있는 반면 시애틀은 그의 1/4밖에 되지 않습니다. 비교적 시골 섬지역이라고 할 수 있는 빅토리아Victoria조차도 이보다는 밀도가 높습니다. 이 도시들은 인구밀도를 높게 유지하여 자동차로 인한 휘발유 소비를 줄인 것입니다.

04_ 인구증가와 대기

어느 공동체나 인구증가라는 도전을 피할 수 없고 이는 전체적으로 환경에 부정적인 결과를 초래하는 경우가 많습니다. 평균적인 미국 어린이는 방글라데시 어린이보다 일생 동안 13배 많은 온실가스

를 배출한다고 합니다. 1995년에 레스터 브라운Lester Brown이 쓴《누가 중국을 먹여 살릴 것인가?Who Will Feed China?》를 보면 중국의 인구증가와 소비증가율이 지구의 식량공급과 환경을 어떻게 위협하는지 잘 보여주고 있습니다.

그렇다면 인구증가가 현재 기후위기를 추동하는 일차적 동인일까요? 그 대답은 "예"입니다. 그러나 문제의 근원은 단순히 지구상에 살고 있는 사람의 수가 아니라 그들이 어떤 방식으로 삶을 꾸려 가는가에 있습니다. 중국 등 개발도상국들은 선진국들이 오랫동안 해왔던 지속 가능하지 않은 경제성장 모델을 채택하고 있습니다. 자가용 타기를 장려하고 점점 더 에너지 소비가 많은 생활양식을 부추기고 있는 것입니다.

중국의 역사와 언어 그리고 문화를 공부하는 사람으로서 저는 30여 년 넘게 중국을 돌아다녔습니다. 1978년 광저우에 처음 갔을 때, 저는 거리에 자동차가 별로 없는 것을 보고 놀랐습니다. 어쩌다 들리는 자동차 소리는 서로 자리를 다투는 자전거 벨소리에 묻혀 버렸습니다. 사실 그 당시 거리는 트럭이나 자동차보다 자전거를 위한 공간이 더 많았지요.

그리고 10년 뒤! 그 거리는 자동차와 오토바이의 차지가 되어 있었습니다. 자전거 도로가 여전히 있긴 했지만 눈에 띄게 줄어 있었지요. 그럼 지금은 어떨까요? 한 마디로 말하자면 자동차로 인해 교통지옥이 되어 있습니다.

이 이야기의 교훈은 당신이 애를 몇 명 가지느냐 못지않게 어떻게 사느냐가 중요하다는 것입니다. 몇 명의 가족을 갖느냐는 아주 개인적인 결정입니다. 더 많은 아기를 갖는 데서 오는 잠재적 환경비용과 잠재적 사회편익 사이에서 균형을 유지하기란 쉬운 일이 아닙니다. 하지만 엄격한 인구통제 정책이 지구 온난화에 대한 만병통치약이 될 수는 없습니다. 당신이 해야 할 일은 당신 가족이 지구에 미치는 영향을 어떻게 최소화할 것인가를 고민하는 것입니다.

제 주변에는 식구는 많지만 효율성의 모범이 되는 친구나 친척들이 많습니다. 제 사촌 테드와 그의 부인 버니는 6명의 다 큰 아이들이 있습니다. 옛날 아이들이 어렸을 때, 나는 그 집이 어떻게 굴러가는지 보고는 놀라지 않을 수가 없었습니다.

테드와 버니는 큰 저택을 사지 않고 보통 크기의 집에서 살았습니다. 그리고 모두 한 침대에서 잤습니다. 대형 슈퍼마켓이 등장하기 훨씬 전부터 버니는 대량으로 물건을 샀습니다. 아울러 저녁 식사시간이면 그들은 부엌에서 군대에 있는 식당처럼 모두가 협력했습니다.

또한 버릴 것이 하나도 없었습니다. 애들이 크면 모든 것들을 동생들이 이어받았기 때문이지요. 테드는 항상 집 주위에서 차량이나 가전제품을 고치기에 바빴습니다. 새것으로 바꾸지 않고 고쳐서 쓰는 것이었지요. 지금은 애들이 다 커서 각자 가족을 가졌지만, 자라면서 배운 환경보존의 가치를 잊지 않고 다음 세대로 전수하고 있습니다.

05_ 환경 친화적인 투자

기후 친화적인 공동체를 장려하는 다른 방법으로는 당신과 다른 가치관을 가진 단체를 배제하고 최첨단의 산업이나 단체에 투자하는 것입니다. 최근 '사회적 책임'을 중시하는 펀드나 투자가 점차 늘고 있습니다. 이는 당신이 기후를 위해 돈을 쓰는 하나의 방법이 될 수 있습니다.

이와 같은 '사회책임투자'는 환경을 위해서 뿐만 아니라 당신의 경제생활을 위해서도 좋은 것입니다. 뮤추얼 펀드 평가회사인 모닝스타는 2001년부터 2006년 사이에 사회책임투자펀드가 세계적인 주식시장 지수의 하나인 S&P 500지수보다 더 높은 수익을 올렸다고 발표했습니다.

왜 그럴까요? 대부분의 사회책임투자펀드가 바이오 연료의 생산, 태양 에너지, 초고효율 냉·난방, 발전기술과 같이 새롭게 성장하는 경제 분야에 주로 투자를 하고 있기 때문입니다. 당신의 돈을 어떻게 책임 있게 투자할 것인가 고민을 하고 있다면, 지구 온난화와 관련된 재무적 위험정보를 정량적으로 평가하여 공개하지 않는 기업에는 투자하지 마십시오.

전 세계적으로 활동하고 있는 보험업종 분야는 특히 지구 온난화의 위험에 대해 정밀한 평가가 필요하다고 믿는 초창기 신도가 되었습니다. 세계에서 가장 큰 보험회사 중 하나인 스위스 리Swiss Re사는 지구 온난화와 관련된 재해홍수, 사막화, 전염병, 악천후 등로 인한 직접비가 2004년에만 300억 달러가 넘는다고 추정하였습니다.

그리고 수많은 공기금 펀드가 자신들이 투자한 회사에게 기후변화와 관련된 위험을 평가하여 투자자들에게 보고하도록 요구하기에 이르렀습니다. 이 펀드들은 자신들이 투자하기 위한 전제조건으로 기업들에게 환경에 대한 책임을 포함하여 엄격한 투자윤리에 대한 행동규범 준수를 요청하고 있습니다.

그리고 대규모의 발전 공기업을 포함해 미국에서 온실가스를 많이 배출하는 기업들은 배출량을 줄이는 구체적인 행동계획을 세우라는 이러한 투자자들의 요구에 호응을 하고 있습니다. 아울러 이런 노력을 가장 열심히 하는 단체 중 하나인 퓨 기후연대Pew Climate Coalition는 온실가스 감축에 나선 수십 개 기업의 명단을 발표하였습니다.

기후변화 및 온실가스 감축과 관련된 위험과 기회를 평가하기 위하여 대규모 기관투자자들이 설립한 탄소정보공개프로젝트Carbon Disclosure Project, CDP[7]에 따르면, 몇몇 전통 산업의 지도자들은 새로운 투자와 소비경향에 유념하기 시작했습니다. CDP는 2007년 파이낸셜 타임즈가 선정한 세계 500대 기업에 기후변화의 영향을 묻는 설문지를 보냈습니다. 그리고 그 중 77%가 자발적으로 그들의 온실가스 배출에 대한 회계정보를 제공하였습니다.

또 기후변화를 부담이라기보다는 사업의 기회로 보는 듀퐁Dupont이나 GE 같은 다국적 기업을 포함한 대기업들은 수십억 달러의 돈을 보다 효율적인 제품과 서비스의 개발에 쏟아붓고 있습니다. 그리고 그 분야가 이제는 그들 사업 중 가장 빨리 성장하고 있습니다.

그 대표적인 예로, 한때는 환경보호에 있어 지각생이었던 듀퐁은 지금 온실가스를 줄이는 데 가장 앞서 있다는 평가를 받고 있습니다. 1980년대 말 이 기업은 오존층을 파괴하는 염화불화탄소CFC의 생산을

---

7. 2010년 현재 세계 30여 개국 5,000개 기업을 대상으로 기후변화와 관련된 정보공개를 요구하였다. 한국에서는 한국사회책임투자포럼(KoSIF)와 에코프런티어가 CDP 한국위원회를 만들어 활동하고 있다.

단계적으로 중단하는 데 자발적으로 동의했으며, 이제 수소불화탄소 HFC의 생산까지 단계적으로 중단할 계획을 세우고 있습니다.

게다가 2010년까지 온실가스를 많이 배출하는 상품의 중단, 공정 개선, 시설 이용 증대, 대체 에너지 이용 증대 등의 노력을 통해 온실 가스 배출량을 1990년 대비 65%까지 낮추겠다는 약속을 하였습니다. 듀퐁은 1990년 이래 온실가스 감축전략을 통해 에너지 비용만 20억 달러 이상 아낄 수 있었다고 추정하고 있습니다.

GE 또한 온실가스를 감축해야 하는 상황을 새로운 사업기회로 만든 경우입니다. 이 기업은 모든 사업분야에서 에너지 효율을 높이고 폐기물을 줄이는 전사적 목표를 설정하였습니다. GE의 '에코 이매지네이션Eco-imagination'은 에너지 스타 식기세척기에서 제트 엔진까지 모든 제품에 대하여 환경 자격증을 내세우고 있습니다. GE의 새 엔진은 보잉Boeing사의 신형 787 드림라이너Dreamliner 제트 여객기의 표준설비로서 동급의 타 항공기에 비해 20% 이상 연료를 덜 소비합니다.

BP나 로얄 덧치쉘Royal Dutch Shell과 같은 외국의 석유회사들은 수억 달러를 대체 에너지나 탄소포집같은 온실가스 감축기술에 투자하고 있습니다. 탄소포집Carbon Capture & Storage, CCS이란 이산화탄소를 포집하여 깊은 지층에 가두는 기술을 말합니다. 물론 아직도 그들의 투자금 대부분이 핵심 사업분야 즉, 화석연료의 생산에 투자되고 있긴 합니다. 그러나 대체 에너지 기술을 개발하는 데 나서고 있다는 점에서 많은 미국 기업들보다는 분명 앞서 있습니다.

간단히 말씀드리면, 미래기술에 대한 투자는 새로운 일자리를 만들고 기업 경쟁력을 높이며 주주의 투자수익을 올려 줍니다. 결국 당신이 돈을 벌게 된다는 의미가 되겠습니다.

06_ 탄소상쇄(Carbon Offset)

앞 장에서 저는 당신 가족이 탄소배출을 줄이는 대신에 탄소감축권을 사도 된다고 말했습니다. 새로운 금융수단의 등장으로 투자자들은 탄소배출권를 다른 상품처럼 쉽게 사고팔게 되었습니다. 예를 들면, 당신의 자동차가 배출한 이산화탄소를 상쇄하고 싶으면 테라패스TerraPass나 네이티브 에너지Native Energy[8] 같은 회사에 돈을 지불하고 탄소거래소에서 탄소감축권을 구입하든지 아니면 배출감축 활동풍력 발전 사업 등에 지분을 투자하면 됩니다.

미국이나 중국, 인도와 같은 개발도상국에서는 이산화탄소 배출에 대한 규제가 아직은 심하지 않기 때문에 이러한 투자들은 대부분 자발적입니다. 그러나 어쨌든 점점 더 많은 개인과 기업, 그리고 정부기관이 자신들의 이산화탄소 배출을 상쇄하려고 나서고 있습니다. 사실 얼마나 많은 기관들이 오염할 수 있는 권리, 즉 배출권을 사고팔고 있었으면 그런 거래를 쉽게 할 수 있도록 새로운 미국의 상품거래소, 즉 시카고 기후거래소Chicago Climate Exchange, CCX가 생겨났겠습니까?

그런데 모든 탄소상쇄가 같은 게 아니라는 것을 알아야 합니다. 예를 들면, 나무를 심어 탄소를 흡수한다는 것은 과학적으로는 애매모호한 면이 있습니다. 삼림에 의해 얼마나 많은 탄소가 격리흡수되는지

---

8. 탄소상쇄를 전문으로 중개하는 미국의 사회적 기업들임.

에 대한 평가가 너무 다르기 때문입니다. 또한 나무가 온실가스를 영구히 상쇄하지도 못합니다. 나무가 죽거나 불에 타면 이산화탄소를 대기 중으로 내보내기 때문입니다. 게다가 새로 조림을 하거나 다른 방식의 탄소 흡수원을 만드는 일이 무조건적으로 추가적인 편익을 가져오는지 여부도 고민해 보아야 합니다.

하지만 이와 달리 석탄 발전을 풍력이나 태양광 발전으로 대체하는 탄소상쇄의 편익은 훨씬 덜 애매모호합니다. 또한 우리는 현재 상태에 만족하고 말 것이 아니라 재생 에너지에 대한 투자를 능동적으로 확대하는 탄소상쇄 프로그램을 선택해야 합니다.

오염권을 사고판다는 아이디어는 사실 새로운 것이 아닙니다. 1980년대에 산성비가 미국 북동부와 캐나다 동부에 있는 삼림의 생존을 위협한 적이 있었습니다. 산성비는 주로 이산화황SO_2이 너무 많이 배출되어 생긴 것으로 화력발전소를 가진 전력회사들이 1차적인 범인이라고 할 수 있습니다. 이 강력한 가스가 대기 중으로 올라가면서 다른 화학물질과 섞여 폭우가 오면 강력한 산성비가 되어 땅으로 떨어지게 됩니다.

이 위협을 통제하기 위하여 미국과 캐나다 정부 및 주정부, 기업 등이 이산화황 배출을 규제하는 강제적 제도를 만들었습니다. 황산화물을 배출하는 이들은 배출할 수 있는 권리를 사야 했고 대규모 오염을 일으키는 이들에게는 배출한도가 설정되었습니다. 더구나 이 배출한도는 연도별 차등제라고 해서 매년 줄어들게 되어 있었습니다.

그리고 연간 배출목표를 지키지 못하는 기업은 세 가지 선택을 할 수밖에 없었습니다. 첫째, 목표보다 더 배출하면 목표보다 덜 배출한 기업으로부터 배출권을 사서 부족분을 메우는 것입니다. 둘째, 배출을 줄일 수 있는 새로운 시설이나 설비를 도입하여 배출목표를 지키는 것입니다. 셋째, 배출이 많은 공정을 축소하거나 폐쇄하는 것입니다. 이 제도의 도입은 오염을 확실하고 정량적으로 관리할 수 있는 결과를 가져왔습니다. 그리고 여기에는 간단한 철학이 적용되었습니다. "오염시킨 사람이 돈을 내라!"가 바로 그것입니다.

미국은 이 배출권 거래시장cap-and-trade⁹을 처음 도입한 나라입니다. 나중에 교토의정서의 결정에 따라 EU에서 도입한 유럽온실가스 거래소EU-ETS와 많은 부분에서 공통점을 가지고 있습니다. 그렇다면 왜 1980년대에 이 제도가 산성비 문제를 해결하는 데 통했던 것일까요? 그것은 에너지 생산과 관련된 사회적·환경적 비용을 명확히 하고 전기 생산자들에게 이러한 비용을 전기가격에 포함시키도록 장려했기 때문입니다.

이 정책이 나오기 전까지만 해도 환경을 오염시킨 사람들이 처벌을 전혀 받지 않고 돈을 벌고 있을 때, 우리는 숲이 죽어가고 강의 물고기가 사라지는 것을 하릴없이 바라보아야 했습니다. 그러나 이 제도가 도입되면서 오염을 시킨 사람들이 본격적으로 그 비용을 물게 되었습니다. 그리고 그것이 바로 배출권 거래제도의 핵심인데, 특히 이산화황의 경우 제대로 통했던 제도입니다.

그 제도는 온실가스에도 적용이 가능합니다. 그러나 세계 최대의 온실가스 배출국인 미국이 이 제도에 동참하지 않는다면, 배출권 거

---

9. 배출권 거래시장(emission trading)에는 배출권 총량을 정하는 방식에 따라 할당량 거래(cap-and-trade)와 프로젝트 거래(baseline-and-credit)로 구분된다. 통상 할당량 거래가 일반적이므로 이를 배출권 거래시장으로 번역하였다.

래제도는 지구 온난화에 대처하는 시장중심의 방안으로서 제 역량을
제대로 발휘하지 못할 것입니다.

07_ 투표와 정치적 행동주의

만약 당신이 지구 온난화에 신경 쓰고 있다는 것을 선출직 공무원
들이 알지 못한다면, 그들은 끝까지 아무 것도 안 할지 모릅니다. 정
치인들의 최대 목표는 오직 재선입니다. 사실 이를 인정하는 정치인
은 많지 않을 겁니다.

그러나 그들의 행동을 보면 다릅니다. 한 명의 의원이 법안을 만
들거나 정책을 입안하는 데 얼마나 시간을 쓰고 있다고 생각하십니
까? 그리고 이들이 자신의 치적을 내세우며 정치자금을 모으는 데 얼
마나 시간을 쓰고 있다고 생각하십니까? 과연 이들은 어디에 더 많은
시간을 쓰고 있을까요?

당신은 자신들이 기후변화에 신경 쓰고 있다는 사실을 선출직 공
무원들에게 분명히 알려야 합니다. 그러기 위해서 맨 먼저 할 일은 후
보자에 대하여 제대로 아는 것입니다. 그들이 의회에서 투표할 때 얼
마나 기후 친화적인 입장을 취했는가 하는 것을 말이죠.

미국의 '환경보존유권자연맹League of Conservation Voters'은 주와 연방
의 선출직 대표들이 투표한 기록을 추적하고 있습니다. 영국에서는
'지구의 친구Friends of the Earth'라는 조직이 그와 비슷한 역할을 하고 있
습니다. '그린피스Greenpeace'와 'WWFWorld Wildlife fund'의 지부들은 유럽

연합의 전역에 걸쳐 선거를 감시하고 있습니다. 그들의 웹사이트를 방문해서 한 번 보기 바랍니다.

그리고 두 번째로 할 일은 당신이 생각하고 있는 것을 선출직 대표들에게 알리는 것입니다. 그들이 환경에 대해 어떤 태도를 취하는가에 따라 당신의 표가 결정된다고 그들에게 말하세요. 그러기 위해서 멸종위기의 생물종을 구하는 편지 보내기 캠페인이나 정치집회에 참여해 보기 바랍니다. 충분히 많은 사람이 모이면 그 효과가 분명히 있을 것입니다.

셋 번째로 할 일은 기후 친화적인 정치인이 당선되도록 적극적으로 노력하는 것입니다. 후보자는 누구나 자원봉사자가 많을수록 좋습니다. 전화를 걸거나 전단지를 뿌리거나 집집마다 방문하거나 아니면 당신이 좋아하는 후보자의 기후변화에 관한 입장을 대중에게 알리십시오.

물론 많은 유권자들이 투표를 앞두고 딜레마에 빠진다는 것을 저도 잘 알고 있습니다. 가령, 기후 친화적인 후보한테 표를 주고 싶지만, 그 후보의 정당이 맘에 들지 않을 수도 있습니다. 이는 미국의 경우 특히 그렇습니다. 보수적인 공화당원인 경우, 자신이 지지하는 친환경 후보가 낙태, 동성결혼과 같은 다른 사회적 문제들에 있어서는 자신과 반대되는 입장을 취하는 경우가 종종 있기 때문입니다. 물론 이것들 모두 중요한 도덕적 문제들입니다.

그러나 당신이 이 책을 다 읽고 난 후 지구 온난화 또한 중요한 도덕적 문제임을 받아들이길 바랍니다. 인간으로 인한 기후변화는 이미 인류에게 엄청난 고통을 가져다 주었습니다. 그리고 가까운 미래에 이 사태는 더욱 악화될 것이라는 증거가 매일 나타나고 있습니다. 그에 대한 피해자는 바로 당신의 아이들입니다.

그들은 너무 어려서 어떻게 살 것인가를 스스로 선택할 수 없습니다. 왜 그들의 미래를 위태롭게 만들어야 합니까? 당신이 살아가는 방식을 스스로 바꾸면 분명 다른 결과를 가져올 수 있습니다. 그러나 정부나 사회단체가 당신의 뒤를 따르지 않는다면, 이 큰 위협에서 벗어나 당신 아이들의 미래를 마련하기는 더욱 어려울 것입니다.

소비자로서, 투자자로서, 유권자로서 그리고 단체의 조직가와 행동가로서 당신의 선택은 모두 기후에 대한 당신의 관계를 완전히 바꿔 놓을 것입니다. 통근거리를 줄이고 활기찬 공동체를 만들어 자가용에 더 이상 의존하지 않는다면, 기후를 교란하는 탄소발자국은 자연스레 감소할 것이고 당신의 삶의 질도 올라갈 것입니다.

충분히 많은 소비자들이 밀집된 지역에 살고, 탄소감축권을 구입하며, 환경에 대해 책임 있는 투자를 하고, 대중교통을 이용하고, 환경보존주의자의 삶을 살고, 책임 있게 투표를 한다면 대기업과 정부도 당신의 행보를 뒤따를 것입니다. 그 사람들은 아직 탄소 중립적인 세상을 만들려는 확실한 약속을 하고 있지 않기 때문에 우리 아이들의 보다 나은 미래를 위하여 우리라도 앞장서야 할 필요가 있습니다.

⏱ 실행 팁

01| 환경단체에 가입하거나 독자적으로라도 활동을 시작하십시오.

02| 탄소감축권을 구입하십시오.

03| 녹색전기를 사용하십시오.

04| 환경에 책임지는 기업에 투자하십시오.

05| 가족이 늘 경우 온실가스를 어떻게 관리할지 주의 깊게 고려하십시오.

06| 환경 친화적인 정치인에게 투표하십시오.

07| 기후변화에 대해 기꺼이 발언을 하고 교육을 하십시오.

08| 조밀한 지역으로 이사를 하십시오.

09 기후 다이어트 최종 결과

01 최종 결과: 온실가스 배출
02 최종 결과: 비용
03 기후 다이어트 권장사항 정리
04 기타 기후 다이어트 팁: 탄소 중립과 재생 에너지

01_ 최종 결과: 온실가스 배출

이제까지 탄소발자국을 줄이기 위한 쉽고도 무수히 많은 전략을 살펴보았습니다. 2장에서는 기후 다이어트를 해야 하는 10가지 이유를 알아보았고, 3장에서는 기후 다이어트에 이용되는 기본 방법론을 다루었습니다. 4장과 5장에서는 탄소의 '무게'를 3,923kg 이상 줄이고 에너지 비용을 150만 원 가량 절약하는 수십 가지 방법을 소개하였습니다.

6장에서는 신나는 장보기와 식도락의 세계가 어떻게 대기에 영향을 미치고 먹거리를 어떻게 잘 선택해야 하며 가정의 쓰레기를 줄이면 온실가스 배출을 줄일 수 있다는 것을 공부하였습니다. 7장에서는 자가용 이용으로 인한 고비용 구조를 차례로 살펴보고 추가적으로 6,570kg의 이산화탄소를 줄일 수 있는 교통대안을 제안하였습니다.

마지막으로 8장에서는 친구와 함께 다이어트를 하고 지속 가능한 공동체를 만들고 환경 친화적 기업과 단체를 지원하고 보다 환경 친환경적인 정치단체를 만들기 위하여 투표제도를 이용하는 것 등에 대해 상세히 설명하였습니다.

이제 바로 당신이 기다리던 순간이 왔습니다. 당신의 최종 결과는 어떨까요? 얼마만큼 탄소의 무게를 줄이셨나요? 〈표 9-1〉에는 생활양식을 책에서 제시한 대로 바꾼 결과, 표본가구에 미친 기후영향이 정리되어 있습니다. 당신 각자의 수치가 있다면, 그걸 종합해 볼 수도 있겠습니다.

먼저 당신 가정의 총 감축량을 알아보세요. 간단하고 쉬운 생활양식의 변화만으로도 약 40%, 즉 11,618kg이나 온실가스를 줄였군요. 모든 구역에서 동메달이나 그 이상을 딴 셈입니다. 이제는 뒤돌아가서 우리 허리선 주위에 있는 '군살'을 자세히 봐야겠군요. 자가용 2대에서 1대로 생활양식을 바꾼 것이 가장 큰 이득을 보았네요. 이제

표 9-1 | 최종 결과 – 이산화탄소 배출량

구역(zone)	CO₂/년 (kg)	%CO₂	CO₂/년 (kg)	%CO₂	CO₂ 감축율(%)
주거부문					
거실	1,222.80	5%	676.10	4%	45%
주방	2,037.68	8%	1,487.29	10%	27%
침실1	186.87	1%	82.94	1%	56%
침실2	729.74	3%	258.85	2%	65%
침실3	415.05	2%	162.93	1%	61%
욕실	347.60	1%	111.63	1%	68%
세탁/다용도실	2,917.24	11%	1,987.96	13%	32%
난방(가스)	4,079.00	15%	3,626.00	24%	11%
냉방	491.59	2%	315.67	2%	36%
마당	385.00	1%	180.40	1%	53%
부분합	12,812.57	48%	8,889.77	58%	31%
쇼핑					
음식	1,888.70	7%	1,214.45	8%	36%
폐기물	1,233.70	5%	782.93	5%	37%
교통	11,015.24	41%	4,444.70	29%	60%
기타					
부분합	14,137.64	52%	6,442.08	42%	54%
총합계	26,950.21	100%	15,331.85	100%	43%

는 자동차 키를 버스나 지하철 승차권으로 바꿔야 할 때가 온 것 같습니다. 마지막으로 먹는 습관과 폐기물 처리습관을 바꿔 1,120kg 이상의 온실가스를 줄였네요.

전체 메달의 개수는 동메달이 6개 부문에서 총 6개에 총점에서 1개 더해서 모두 7개고 은메달은 6개가 되는군요. 그렇게 보면 나쁜 성적은 아니군요.

02_ 최종 결과: 비용

그렇다면 우리의 표본가구는 얼마나 돈을 절약했을까요? 〈표 9-2〉는 가구의 에너지 비용이 어떻게 변했는가만 보여주고 있는 데도 150

표 9-2 | 최종 결과 - 비용

구역	현재 소비량 및 발생량 (연간)		목표 소비량 및 발생량(연간)			
	kWh	총비용	kWh	총비용	비용절감 (₩)	비용절감 (%)
주거부문						
거실	2,779.2	476,911	1,536.6	263,681	213,230	45%
주방	4,631.1	794,697	3,380.2	580,042	214,655	27%
침실1	424.7	72,829	188.5	32,347	40,532	56%
침실2	1,658.5	284,599	588.3	100,952	183,647	65%
침실3	943.3	161,870	370.3	63,543	98,327	61%
욕실	790.0	135,564	253.7	43,535	92,029	68%
세탁/다용도실	6,630.1	1,137,725	4,518.1	775,306	362,419	32%
난방(가스)		859,654		764,137	95,517	11%
냉방	1,117.2	191,719	717.4	123,111	68,608	36%
마당	874.9	150,133	308.8	52,990	97,143	65%
총합계		4,265,701		2,799,644	1,466,057	34%

만 원 이상 줄었습니다. 유럽, 호주, 일본 등 에너지 가격이 비싼 나라라면 절약된 금액은 훨씬 더 많겠지요. 당신 나라의 평균 에너지 요금표를 보시려면 부록 〈표 C〉를 참조하세요.

다른 '구역'의 비용은 나라마다 너무 달라서 의미 있는 비교를 할 수가 없을 것 같습니다. 그러나 먹을 것, 입을 것을 조금 덜 사고 자가용을 1대만 줄여도 추가적으로 상당한 금액을 절약할 수 있다고 보시면 과히 틀리지 않을 것입니다.

몇 번씩 말씀드렸지만, 이 책에서 사용된 모든 표는 www.climatediet.com/tables에서 다운로드 받을 수 있습니다. 거기에 있는 표들은 각 다이어트 구역마다 당신의 결과를 자동으로 계산하도록 설정되어 있습니다. 당신은 지정된 수치를 그대로 쓰거나 혹은 당신 자신의 수치를 입력할 수 있습니다.

03_ 기후 다이어트 권장사항 정리

1. 가정 구역(Household Zones)

1. **모든 백열등을 콤팩트 형광등(CFL)으로 교체하십시오.**

2. **새로운 천정 선풍기를 설치하십시오.(침실1)**

3. **히터를 없애고 전기담요로 대체하십시오.(침실2)**

4. **새로운 에너지 스타 LCD 모니터를 구입하십시오.(서재)**

5. **새로운 에너지 스타 프린터를 구입하십시오.(서재)**

6. **가정용 복사기 사용을 중단하십시오.(서재)**

7. 솔라튜브로 된 조명장치를 설치하십시오.**(거실/식당)**

8. 주스 메이커와 전기 병따개의 사용을 중단하십시오.**(주방)**

9. 식기세척기 사용을 중단하십시오.**(주방)**

10. 헤어드라이어 사용을 중단하십시오.**(욕실)**

11. 전면 투입형 세탁기를 구입하십시오.**(세탁실/다용도실)**

12. 욕조목욕 대신 짧게 샤워를 함으로써 물 사용을 줄이십시오.**(세탁실/다용도실)**

13. 열손실을 최소화할 수 있도록 히터의 물탱크와 배관을 단열재로 감싸주십시오.**(세탁실/다용도실)**

14. 온수기 온도를 60℃에서 40℃로 낮추십시오.**(세탁실/다용도실)**

15. 세탁하는 데 온수를 사용하지 않는 방법을 고려하십시오.**(세탁실/다용도실)**

16. 가능하면 세탁물을 자연건조하도록 하십시오.**(세탁실/다용도실)**

17. 생활공간에서 적정온도를 10% 낮추거나 올리십시오.**(냉, 난방)**

18. 80% 효율의 가스보일러를 90% 효율의 가스보일러로 교체하십시오.**(난방)**

19. 16% 절약을 가져올 자동온도조절기를 설치하십시오.

20. 실내온도를 2℃ 낮추십시오.**(14%절약효과가 있음)**

21. 실내 에어컨을 에너지 1등급 제품으로 바꾸십시오.**(냉방)**

22. 낙엽을 치우는 송풍기 사용을 중단하십시오.**(마당)**

23. 잔디나 잡초 깎는 기계의 사용을 50% 줄이십시오.**(마당)**

24. 유지가 용이하고 기후 친화적인 야생 서식처를 만드십시오.**(마당)**

2. 장보기 구역(Shopping Zone)

1. 육류소비를 줄이고, 생선이나 채소처럼 온실가스 배출이 적은 식품의 소
   비를 늘리십시오.

2. 재활용률을 60%까지 늘리고, 쓰레기의 총량을 25%까지 줄이십시오.

3. 운송 구역(Transportation Zone)

1. 자가용만 타지 말고 대중교통 등 다른 교통수단도 함께 사용하십시오.

2. 항공여행을 자제하세요.

다음은 표본가구의 계산에 포함되어 있지는 않지만 기후 다이어트에서 논의된 저탄소 권장사항을 정리한 것입니다.

1. 좀 더 작은 집에서 살도록 하십시오.

2. 공기를 집 안 구석구석 고루 보낼 수 있도록 실내에서는 선풍기를 사용하
   십시오.

3. TV 시청을 줄이고, 남는 시간과 에너지를 인생의 보다 중요한 일에 투자하
   십시오.

4. 가능하면 항상 고효율 사무기기를 구입하십시오.

5. 애완동물을 키울 때는 기후변화에 대한 영향을 항상 염두하십시오.

6. 햇빛을 최대한 받아들일 수 있도록 거실/식당을 설계하십시오.

7. 거실/식당에서 사용하지 않는 공간은 어둡게, 많이 사용하는 공간은 밝게
   조명을 설계하십시오.

8. 리모델링이나 신축을 할 때는 LEED 인증을 받은 업자와 계약하십시오.

9. 주방/다용도실에 천연가스기기들을 사용할 수 있도록 천연가스 배관을 설

치하십시오.

10. 요리할 때 열전달을 극대화하고, 열손실을 극소화할 수 있는 고효율 밥솥을 사용하십시오.

11. 불필요한 소형 전기기기를 없애십시오.

12. 에너지 감시를 실시하고, 그에 따라 필요한 에너지 절감활동을 수행하십시오.

13. 겨울철 실내온도를 2℃ 추가로 낮추고, 여름철 실내온도를 2℃ 추가로 올리십시오. 1,589kg의 온실가스가 줄어듭니다.

14. 냉난방 시스템을 적정하게 유지하고, 필요하면 닥트를 보수하십시오.

15. '스마트 미터기'를 눈에 잘 띄는 곳에 설치하십시오. 에너지 사용량을 정확히 확인할 수 있습니다.

16. 동력을 사용하는, 특히 가스를 사용하는 도구의 사용을 자제하십시오. 정원의 잔디를 깎을 때는 수동 예초기를 쓰십시오.

17. 야외 테라스용 히터를 쓰지 마십시오.

18. 동물에게 자연 서식처를 제공하는 기후 순응적 저비용 뒤뜰을 조성하십시오.

19. 과도하게 포장된 식료품은 피하십시오.

20. 육류소비, 특히 붉은색 육류의 소비를 줄이십시오.

21. 채소를 더 많이 드십시오.

22. 신토불이 유기농 제품을 구입하십시오,

23. 장거리 운송이 필요한 제철 아닌 식품은 삼가십시오.

24. 직거래 장터를 자주 이용하십시오.

25. 퇴비화를 좀 더 자주 활용하십시오.

26. 학대한 동물로 만들어진 낙농제품은 피하십시오.

27. 지속 가능한 원료로 만들어진 식품을 이용하십시오.

28. 물질적인 선물은 피하시고 정신적인 선물을 하십시오.

29. 물건을 적게 사고, 장보기 시간을 줄이십시오.

30. 레저용 차량을 사용하지 마십시오.

31. 자가용은 적절하게 정비하십시오.

32. 새 차를 산다면 당신의 필요를 충족시키면서 연료 효율이 가장 좋은 차를 구입하십시오.

33. 자동차 사용을 줄이는 것만이 탄소배출을 줄이고 자동차의 수명을 보존하는 최선의 방법입니다. 단거리 이동이나 카풀 혹은 대중교통을 이용하십시오.

34. 에너지를 절약하는 방식으로 운전하세요. 거칠게 하는 운전(가속 페달나 브레이크를 급히 밟는 행위 등)은 연비를 33%까지 낮추기도 합니다. 완전히 정지한 상태에서 서서히 가속 페달을 밟고 제한속도로 주행하세요. 60mph(95km/h) 이상의 속도로 주행하면 5mph(8km/h)씩 속도를 올릴 때마다 연료 효율은 10%씩 떨어집니다.

35. 정품 엔진오일을 쓰고 타이어는 적절한 공기압을 유지합니다. 연료를 5% 더 절약할 수 있습니다.

36. 정기적으로 자동차를 정비하고 필요할 때 에어필터를 교체하세요. 연비가 4% 더 좋아집니다.

37. 공회전을 피하세요. 공회전 때는 연비가 0입니다. 차가 막혀 30초 이상 공회전 상태면 엔진을 끄고 나중에 출발할 때 시동을 다시 거세요. 연료 사용이 절감됩니다.

38. 창문이나 선루프를 닫고 차의 공기역학적 특성을 저해하는 물건은 차에
두지 마세요.

39. 쓸데없이 무거운 물건은 차에 두지 마세요. 45kg인 이상인 물건이 추가
되면 연비는 2% 낮아집니다.

40. 돌아다닐 때는 대중교통이나 자전거를 타거나 걸어다니세요.

41. 항공여행을 자제하세요. 휴가는 집 가까운 곳으로 가는 것이 좋습니다.

42. 환경단체에 가입하거나 독자적으로라도 활동을 시작하십시오.

43. 탄소감축권을 구입하십시오.

44. 녹색전기를 사용하십시오.

45. 환경에 책임지는 기업에 투자하십시오.

46. 가족이 늘 경우 온실가스를 어떻게 관리할지 주의 깊게 고려하십시오.

47. 환경 친화적인 정치인에게 투표하십시오.

48. 기후변화에 대해 기꺼이 발언을 하고 교육을 하십시오.

49. 조밀한 지역으로 이사를 하십시오.

04_ 기타 기후 다이어트 팁: 탄소 중립과 재생 에너지

이제까지 논의된 것 말고도 온실가스 배출을 줄이는 다른 전략들
은 무수히 많습니다. 지속 가능한 발전의 주된 원천은 값싼 재생 에너
지입니다. 당신은 세 가지 방식으로 이 재생 에너지 사용에 동참할 수
있습니다.

첫째, 탄소감축권을 구입함으로써 재생 에너지 사업에 직접 투자하

는 방법입니다. 둘째는 전기 생산자로부터 재생 에너지를 구매하는 방법입니다. 수백 개 공공 혹은 개인 사업자들이 소비자들에게 녹색 전기를 구입할 수 있는 기회를 제시하고 있습니다. 예를 들면, 시애틀 지역에서는 녹색전기를 보통 전기보다 kWh 당 10~15% 이상 낮은 가격에 사용할 수 있습니다. 영국의 몇몇 전기회사는 전통적인 에너지원의 전기와 같은 가격으로 재생 에너지 전기를 팔고 있습니다.

셋째로는 자연형passive 혹은 설비형active 태양광 기술[1]을 이용하여 자체적으로 에너지를 생산하는 방법입니다. 자연채광을 최대로 하는 집을 짓거나 고효율 창문을 설치하거나 태양광 패널을 구입하는 것 등이 그것입니다.

이에 관해서는 많은 책이 나와 있는데, 저는 2004년 윌리엄 켐프William Kemp가 저술한《지능형 전력; 재생 에너지와 효율에 대한 도시민을 위한 지침Smart Power; An Urban Guide to Renewable Energy and Efficiency》을 자주 참고합니다. 태양광 패널, 자연형 태양열 난방, 그리고 풍력으로 우리 집을 꾸미는 데 이렇게 쉽고 효과적인 책이 없었습니다.

에너지 가격이 계속 상승세를 보이고 있기 때문에 자가발전으로 인한 비용절감은 훨씬 더 커질 것입니다. 대부분의 지자체에서는 재생 에너지 발전사업을 하려는 가구에 보조금을 주고 있습니다. 당신이 생산해서 쓰고 남은 전기는 지역의 전기회사에 팔아 이익을 남길 수도 있습니다.

나무를 때는 화목보일러도 어떤 집에는 좋은 대안이 될 수 있습니

---

1. 자연형(passive solar)은 별도의 설비 없이 태양에너지를 활용하는 기술이고 설비형(active sola)은 에너지와 설비를 이용하는 태양 에너지 기술을 말함.

다. 나무를 이용한 난방은 향후 수년간 점점 더 효율적인 방안이 될 것입니다. 하지만 나무를 최대한 써먹으려면 싸고 지속적인 땔감의 확보가 가능해야 하고 효율이 높은 나무난로나 화목보일러가 필요합니다. 하지만 나무를 때는 방식의 일차적 단점은 분진입니다. 따라서 이 방안은 주로 시골에서나 가능하겠지요.

이제 당신이 충분한 녹색전기 혹은 탄소감축권을 구입하거나 자연형/설비형 태양광 기술이나 풍력에 투자하여 자가발전으로 전기의 수요를 충당한다면, 기술적으로는 당신이 배출한 온실가스를 모두 상쇄한 셈이 됩니다. 물론 모든 상쇄활동이 선전에 나온 대로 온실가스를 효과적으로 감축한다는 전제에서 말입니다.

그러나 생활양식의 변화를 가져오는 것만큼 더 좋은 방법은 없습니다. 우리가 서로서로 그리고 환경과 연결하는 방식으로 생활양식을 바꾸는 일이야말로 중요합니다. 그렇게 함으로써 세상을 보는 시각을 진정으로 바꿀 수 있고, 자연에 대한 인식을 고양시킬 수 있으며, 가족, 친구, 공동체와의 관계를 더 공고히 할 수 있습니다.

그리고 자연보존을 통해서 우리는 현대인의 삶을 목 죄고 있는 그 무서운 풍요병을 치료할 수 있습니다. 탄소감축권을 아무리 구입한다 해도 이런 목표를 달성할 수는 없는 일을 말입니다.

에필로그:
우리의 생활양식
- 지구의 운명

01 기후 다이어트: 단계별 요약
02 기후 다이어트: 새로운 세기를 향한 새로운 생활양식
03 다른 행동, 다른 미래

01_ 기후 다이어트: 단계별 요약

이 책은 에너지 소비를 당장 줄이는 쉽고 경제적인 전략을 열거하고 있습니다. 그럼 기후 다이어트를 다시 한 번 요약해 볼까요? 당신은 세 가지 과정 중 하나를 선택할 수 있습니다. (1)속성반 과정, (2)단과반 과정, (3)종합반 과정이 그것입니다. 그리고 이 세 가지 과정에서 금메달을 따려면 다음의 여섯 단계를 거쳐야 합니다.

1. **현실 직시** | 지구 온난화의 이유와 그에 대한 해법에 대해 공부합니다.

2. **결단** | 보다 지속 가능하고 건강한 생활양식을 향한 길을 따라 변화를 가져오는 선택을 합니다.

3. **목표 설정** | 당신의 생활양식에 맞게 당신의 참여수준을 조정할 수 있음을 명심하십시오. 몇 개의 전구를 바꾸어 끼우는 일(참가상), 교토의정서 수준의 온실가스를 감축하는 일(동메달), 온실가스를 75% 가량 감축하는 일(금메달) 등 어떤 일이라도 도움이 됩니다.

4. **탄소 칼로리 계산** | 당신의 탄소발자국을 실제로 그리고 정량적으로 줄이기 위해 당신이 새로 습득한 지식을 이용하십시오.

5. **동행** | 통상 다이어트는 친구랑 같이 할 때 더 효과적이고 재미도 있습니

다. 당신 가족이나 이웃들이 보다 기후를 의식하는 생활양식을 취하도록
도와주십시오.

6. 평가 및 검사 | 원래 계획했던 다이어트 목표를 달성하였습니까?

9장의 "기후 다이어트 최종 결과"에서는 최종 결과를 확인하는 틀을 제공하고 있습니다. 당신은 그 틀을 이용하여 당신의 강점과 약점을 평가할 수 있습니다. 또 당신의 기후 다이어트 결과를 유지하고 향상시키기 위한 여러 제안들을 정리하여 두었습니다.

02_기후 다이어트: 새로운 세기를 향한 새로운 생활양식

수세기 동안 유럽, 일본, 북미, 그리고 여타 선진국 사람들은 인류의 어머니인 지구의 풍요를 즐겨왔고 큰 부와 높은 생활수준을 누릴 수 있었습니다. 그러나 그 대신 엄청난 대가를 치르게 되었습니다. 월마트Wal-Mart에서 장보기를 하거나 많은 에너지를 소비하는 생활양식을 즐기거나 고삐 풀린 경제성장을 추구하고 싶은 인간의 한없는 욕망은 이제 지구가 수용할 수 있는 능력치를 넘었습니다. 지구의 자원을 우리 아이들한테서 훔쳐서 막무가내로 쓰다 보니 지구에 환경의 재앙이 오고 있습니다.

20세기 저명한 과학자 중 한명인 스티븐 호킹Stephen Hawking은 지구 온난화를 인류가 직면하고 있는 가장 큰 위협 중 하나라고 주장했습니다. 2006년 북경의 과학자회의에서 그는 "지구가 금성처럼 250℃ 에

서 산성비를 맞으면서 멸망할지 모른다"라고 언급했습니다.

최근의 탐사를 통해 금성은 수 마일 높이의 이산화탄소와 메탄가스 구름이 태양열을 묶어 두는 온실효과로 인해 어떤 생명체도 살 수 없는 용광로가 되었음이 밝혀졌습니다. 지구에서 이런 일이 아무 때나 발생할 거라고 예측하는 사람은 거의 없지만, 수만 혹은 수십만 년만에 발생하여 모든 생명체를 지구 표면으로부터 쓸어낼 수 있다는 가능성을 배제할 수도 없습니다.

이제 새로운 운명이 우리 앞에 있습니다. 우리는 정치인이나 산업계에서 지구 온난화 문제를 찾아 나설 때까지 기다릴 여유가 없습니다. 도덕적 결정을 내리는 사람으로서 당신은 이 상태를 바꾸는 데 나서야 합니다. 당신 자신의 힘으로 보다 지속 가능하게 당신의 생활양식을 바꿀 수 있습니다. 화석연료를 줄이는 일이 이보다 쉬운 적은 없었습니다. 그런데 무엇이 당신을 막을 수 있겠습니까?

03_ 다른 행동, 다른 미래

지구 온난화를 막기 위하여 무얼 했냐고 당신의 아이들이 묻는다면 당신은 뭐라고 대답하시겠습니까? 거짓말을 하시겠습니까 아니면 위협이 된다는 건 알았지만 별다른 노력을 하진 못했다고 하시겠습니까? 과연 그게 아이들에게 먹혀들까요?

다행히도 우리 아이들의 미래가 꼭 닫혀 있는 것만은 아닙니다. 많은 운명론자들은 파국을 피하기엔 너무 늦었다고 말합니다. 그러나 희소식이 있습니다. 과학자들은 기후변화로 인한 최악의 결과를 완화해 줄 현명한 선택을 할 시간이 아직도 인류에게 남아 있다고 말합니다.

당신은 당신 자신과 당신 아이들을 위하여 지구 온난화가 나아갈 방향을 아직도 선택할 수 있습니다. 이 책은 당신과 당신 가족이 기후변화를 실질적으로 줄이는 데 필요한 모든 지식과 방법을 제공하고 있습니다. 당신과 당신의 이웃을 위해, 그리고 미래를 위해서 이제는 머뭇거리지 말고 나서야 합니다.

기후변화의 과학

1990년 이래 IPCC는 UN의 지원을 받아 기후변화에 대한 문제를 집중적으로 연구하고 있습니다. 수년 동안 이 과학단체는 컴퓨터에 기반을 둔 수많은 "배출 시나리오"를 개발하여 어떤 정책이나 생활양식이 지역적 혹은 지구적으로 지표, 수상, 대기의 온도와 기타 관련된 기상현상에 어떻게 영향을 미치는가를 예측해 왔습니다.

이 모델들은 해가 지나면서 더 많은 요인을 감안하도록 발전했지만, 주요 사실은 거의 비슷했습니다. 즉, 온실가스가 많이 축적되면 온난화가 생기고 이 문제의 주범은 바로 인간활동으로 인한 온실가스 배출이라는 것입니다. 또한 더 많은 정보가 확보되면서 최근에 나온 보고서일수록 미래의 기온을 더 높게 예측하는 쪽으로 수정·증보되고 있습니다.

그렇다면 어떻게 이런 모델들이 미래의 기후조건을 예측한다고 믿을 수 있을까요? 과학자들은 40만 년 동안의 자료로 그 신뢰성을 시험하고 있습니다. 수많은 연구들에 의하면, 모델을 통한 예측이 지구적 수준에서 실제 기록과 가깝게 나타나고 있음을 알 수 있습니다.

그렇다면 과학자들이 바로 코앞에 다가올 미래에 대하여 뭐라고 하는지 한번 볼까요? 〈표 A-1〉에서는 서로 다른 시나리오에 따른 온도의 변화를 예측하고 있습니다. 기준이 되는 예측은 2000년 이후 온실가스 배출이 증가하지 않은 경우를 상정하고 있습니다. 물론 불가능한 일입니다.

교토의정서에서 무수한 말이 오갔지만, 지구 전체의 배출은 1990년에서 2000~2005년 사이에 실질적으로 20% 이상 늘었습니다. 또한 2000년도 배출수준에서 멈춘다고 해도 기온은 0.9℃나 계속 상승할 것이라고 합니다. 온실가스가 지구 온난화에 미치는 영향이 종종 뒤처져 나타나기 때문이지요. 따라서 현재의 온난화는 1970년 이전에 배출된 온실가스가 그 원인입니다.

"배출 증가 없음"이라는 시나리오에 이어 A1 계통의 모델이 등장합니다. 이 모델들은 세계적으로 급격한 경제발전과 인구증가가 금세기 중반에 최고점에 이르고 이후 하락하면서 신기술의 도입이 신속히 이루어지는 상황을 상정합니다. 또한 지역 간 경제적·사회적·문화적 수렴이 증대한다고 가정합니다.

A1T대체 기술 모델은 대부분의 에너지가 궁극적으로는 비화석 에너지원에서 만들어지는 상황을 가정합니다. A1B균형 에너지원 모델은 에너지 소비가 화석 에너지원과 비화석 에너지원 사이에서 균형을 이루는 상황을 상정합니다. 마지막으로 A1FI화석 에너지 중심 모델은 화석연료가 전 기간 동안 주요 에너지원으로 남아 있을 것이라고 가정합니다현재 대부분의 나라에서 적용되는 모델이지요.

그렇다면 고성장과 화석연료를 대량으로 사용한다는 궤적을 좇아

간다면 무슨 일이 일어날까요? 지구의 온도는 앞으로 100년 후에는 2.4℃~6.4℃만큼 상승할 것입니다. 2장에서 우리는 1.0℃ 이하의 온도 상승만으로도 이미 북서부 지역의 기후가 피해를 입고 있다고 배웠습니다. 전 지역에 걸쳐 설원이 사라지고 가뭄을 가져오고 있기 때문입니다.

그런데 하물며 6.4℃만큼 올라간다면 어떻게 될까요? 더구나 IPCC의 모든 기후변화 모델에서 북아메리카의 온도는 지구 평균보다 더 빨리 올라가고 위도가 높은 지역에서 가장 심할 것이라고 예측하고

표 A-1 | IPCC 시나리오별 예상되는 온도변화(1990년대에서 2090년대까지)

모델명	최고 모델 온도 추정치 (AD 2090~2099)	가능한 온도 범위 (AD 2090~2099)
GHG 농도가 기준선 이상으로 증가하지 않을 경우	0.6℃(1.1°F)	0.3~0.9℃(0.5~1.6°F)
A₁T(대안 기술) 시나리오	2.4℃(4.3°F)	1.4~3.8℃(2.5~6.9°F)
A₁B(안정된 에너지원) 시나리오	2.8℃(5.0°F)	1.7~4.4℃(3.1~7.9°F)
A₁FI(화석연료 집약적) 시나리오	4℃(7.2°F)	2.4~6.4℃(4.3~11.5°F)

출처: IPCC, 2007

표 A-2 | 북미도시의 온도변화(1990년대 vs. 2090년대)

도시	평균 최고 기온	최저 기온	최고 기온	예상되는 평균 기온 (A₁FI 시나리오)[a]
마이애미	32.2℃(90°F)	26.7℃(80°F)	36.7℃(98°F)	36.2℃(97°F)
시카고	30.5℃(87°F)	20.5℃(69°F)	35.5℃(96°F)	34.5℃(94°F)
휴스턴	33.9℃(93°F)	27.2℃(81°F)	38.3℃(101°F)	37.9℃(100°F)
라스베가스	40℃(104°F)	27.2℃(81°F)	47.2℃(117°F)	44℃(111°F)
토론토	25℃(77°F)	18.9℃(66°F)	32.8℃(91°F)	29℃(84°F)
뉴욕시	29.9℃(84°F)	20.5℃(69°F)	35℃(95°F)	33.9℃(93°F)
워싱턴DC	32.2℃(90°F)	24.4℃(76°F)	40℃(104°F)	36.2℃(97°F)
아틀랜타	32.8℃(91°F)	27.8℃(82°F)	36.7℃(98°F)	36.8℃(98°F)

주) 1. 7월 중순(7월 15일~7월20일)에 해당되는 온도임
　　2. a = 4℃(7.2°F) 평균 온도상승 가정
출처: Weather Underground, 2007

있습니다.

'여름철 라스베이거스는 이미 더운데……'라고 생각한다면 당신은 아직 아무것도 모르고 있는 것입니다. 그래서 〈표 A-2〉에서 8개 북아메리카 도시에서 관측된 기온과 예측을 요약해 보았습니다. 정상적인 여름날 더위가 어떤지 잘 아시죠? 또 그 더위가 당신의 일상생활, 즉 당신의 집, 차, 마당, 동네에 어떻게 영향을 주는지 잘 아시죠?

그런데 여름철 기온이 6.4℃나 올라간다면 물 공급, 들판의 곡식, 가축들이 어떻게 될까요? 여기에 습도까지 올라가면 어떤 일이 생길까요? 최고 기온에서 더 더워지게 되면 어떻게 될까요? 이제 겁이 나네요. 라스베이거스가 52.2℃이고 휴스턴이 42.2℃, 거기에 습도가 80%라면 어떻게 될까요? 상상이 됩니까?

이런 상황이 당신 아이들의 미래가 되기를 원합니까? 현재 많은 개발도상국에서 그렇듯이 당신이 만약 전기를 쓸 수 없다면 어떻게 되었을까요? 에어컨 없이 열대야를 견딜 수 있었을까요? 현재 전기가 없는 수십 억의 사람들은 어떻게 살아남을 수 있었을까요?

인간의 체내온도는 37.5℃입니다. 아주 건강한 사람만이 40℃ 이상의 체온을 일정 시간 동안 합병증 없이 견딜 수 있다고 합니다. 물론 습도는 감안하지 않은 상태에서요. 1장과 2장에서 말씀드린 바와 같은 기후변화가 가져올 기타 미래의 영향들 즉, 홍수, 이상기후, 사막화 등에 관해서는 언급할 수조차 없군요.

그런데 IPCC는 미래로 가는 또 다른 행보를 보여주는 시나리오를 제시하고 있습니다. 시나리오 B₁에 따르면, 자원에 대한 의존을 줄이고 보다 지속 가능한 사회적 · 정치적 · 경제적 발전을 추구하고 보다 높은 수준의 국제적 협력을 통하여 지구의 기온 상승을 절반으로 줄일 수 있다고 예측하고 있습니다. 2100년까지 1.8℃의 상승에 변동범위 1.1~2.9℃로 추정하고 있지요.

부연해서 말씀드리면, 보다 환경적으로 책임 있는 생활양식을 가지고 살면 지구를 살릴 수 있을 뿐만 아니라 보다 공평하고 지속 가능한 세상을 만들어 갈 수 있다는 것입니다. 제가 생각할 때는 이러한 선택을 해야만 할 것 같은데 당신의 생각은 어떠신가요?

자료집

표 B-1 | 현재 소비량 및 발생량

항목/서비스	와트	1일 사용시간	연간 사용일수	kWh/년	GHG 계수	CO₂/년 (파운드)	CO₂/년 (kg)
컴퓨터	42.4	4	351	59.5		81.1	36.8
스테레오(책상)	15	3	351	15.8		21.5	9.8
램프(60W전구)	60	4	351	84.2		114.8	52.1
램프(150W전구)	150	4	351	210.6		287.0	130.2
기타 항목 #1				0.0		0.0	0.0
기타 항목 #2				0.0		0.0	0.0
기타 항목 #3				0.0		0.0	0.0
기타 항목 #4				0.0		0.0	0.0
총합계						504.5	228.9
비용							
총 전력사용량				370.2			
kWh 단위당 비용				0.1065			
총비용				39.42			
GHG계수와 전력비용						Kg/kWh	$/kWh
호주						0.78	0.0985
캐나다						0.22	0.0676
독일						0.51	0.2124
한국						0.44	0.1492
미국						0.62	0.1065
영국						0.46	0.2205

표 B-2 | 목표 소비량 및 발생량

항목/서비스	와트	1일사용 시간	연간사용 일수	kWh/년	GHG 계수	CO$_2$/년 (파운드)	CO$_2$/년 (kg)	CO$_2$절감 (파운드)	CO$_2$절감 (kg)	CO$_2$감축
컴퓨터	42.4	4	351	59.5		81.1	36.8	0.0	0.0	0%
스테레오(책상)	15	3	351	15.8		21.5	9.8	0.0	0.0	0%
램프(60W전구)	15	4	351	21.1		28.7	13.0	86.1	39.1	75%
램프(150W전구)	38	4	351	53.4		72.7	33.0	214.3	97.2	75%
기타 항목 #1				0.0		0.0	0.0	0.0	0.0	0
기타 항목 #2				0.0		0.0	0.0	0.0	0.0	0
기타 항목 #3				0.0		0.0	0.0	0.0	0.0	0
기타 항목 #4				0.0		0.0	0.0	0.0	0.0	0
총합계						204.1	92.6			60%
비용								비용절감		23.48
총 전력 사용량				149.7						
kWh 단위당 비용				0.107						
총비용				15.95						

Climate Diet 웹사이트(www.climatediet.com/tables.asp)의 워크시트(worksheet)를 채우는 법

모든 빨간색으로 된 상자를 채우면 다른 수치들은 자동적으로 계산됩니다.

- 1단계: '방이나 구역(room/zone)' 이름을 입력하시면 자동으로 〈표 9-1〉과 〈표 9-2〉번의 요약표(summary table)로 가게 됩니다.
- 2단계: '항목이나 서비스(item/service)' 칸에 당신의 방/구역(room/zone)에 있는 모든 항목을 작성하십시오(예: 'stereo'). 이 경우, 에너지 사용을 줄이기 위한 목적으로 변경될 항목/서비스는 강조됩니다(콤팩트 형광등으로 바꿈).
- 3단계: '와트(Watt)' 칸의 경우, 여러 제품의 일반적 와트가 있는 부록 〈표 E〉, 제품 매뉴얼 혹은 제품 뒷면이나 바닥에 적혀 있는 와트를 체크하십시오.
- 4단계: '사용 시간/일(usage hours/day)' 칸에는 하루에 해당 제품을 몇 시간 사용했는지를 작성합니다. 부록 〈표 E〉에서 제시된 이용시간을 사용하거나 자신의 실제 사용시간을 적으십시오.
- 5단계: '연간 전력 사용량(kWh/yr)' 칸은 자동으로 계산됩니다.
- 6단계: '온실가스 계수(GHG factor)' 는 호주(1.90), 캐나다(0.486), 독일(1.12), 한국(0.99), 미국(1.363), 영국(1.02)입니다.
- 7단계: '연간 이산화탄소(CO2/yr)' 칸도 자동으로 계산됩니다.
- 8단계: '전력 단위당 비용($ Electricity kWh)' 은 호주(0.0985), 독일(0.2124), 한국(0.1034), 미국(0.1065), 영국(0.2205)입니다.
- 9단계: 각 '방이나 구역(room/zone)' 마다 1단계부터 8단계까지를 반복하십시오. 각 방에 해당되는 총 이산화탄소 배출량, 비용 절감액과 당신 집 전체에 해당되는 총량이 〈표 9-1〉과 〈표 9-2〉에 자동으로 계산됩니다. 당신은 어떤 메달을 따셨습니까?

표 C | 세계 각국의 에너지와 가격 데이터(2007)

국가	1인당 CO_2 배출량	연간 1인당 전력사용(kWh)	프리미엄 ($, L)	디젤 ($, L)	천연가스 ($, 10^7kcal GVC)
영국			1.706	1.521	801.12
한국	9.61	7,391	1.515		659.24
독일	10.29	7,030	1.645	1.193	
이탈리아	9.15	6,808	1.529	1.197	829.24
프랑스	6.22	7,689	1.562	1.123	751.77
일본			1.146	0.748	1,245.56
스페인	7.72	5,924	1.248	1.005	850.61
캐나다	17.24	17,179	0.802	0.812	504.68
미국	19.73	13,338	0.624	0.674	611.15
멕시코	3.59	1,804	0.614	0.456	659.4
호주	17.53	11,126	0.912		
뉴질랜드	8.04	8,887	0.99	0.586	1,103.69

국가	천연가스 ($, 100,000Btu)	L 연료유 ($, 1000L)	전기요금 ($)[a]	Kg당CO_2/kWh	CO_2/kWh (GHG계수) (파운드)
영국	1.31	680.18	0.2205	0.464	1.0208
한국	1.54	921.75	0.1034	0.451	0.9922
독일		668.51	0.2124	0.508	1.1176
이탈리아		1,382.38	0.2529	0.506	1.1132
프랑스	1.65	764.42	0.1515	0.075	0.165
일본		597.93	0.1833		
스페인	1.83	725.63	0.1647	0.396	0.8712
캐나다	0.99	693.97	0.0676	0.221	0.4862
미국	1.23	644.76	0.1065	0.62	1.363
멕시코	1.66		0.101	0.58	1.276
호주			0.0985	0.868	1.9096
뉴질랜드	1.85		0.1471	0.166	0.3652

주) 1. 1인당 CO_2배출량 단위는 톤(metric tons)으로 직접 배출량과 간접 배출량을 합한 수치임.
   2. a= 주택용 전력요금.
   3. 연료유란 주택용 보일러나 화로에 주로 이용되는 석유를 말함.
   4. 가격은 2007년 기준임. 미국의 전기요금은 2007년 기준. 미국의 CO_2/kWh 데이터는 EPA 2007a 기준.
   5. 1갤런(gallon)=3.785L.
   6. GCV=gross caloric value(총발열량), 100,000Btu=1therm
출처: 국제 에너지 기구(2006, 2007), 세계 주요 에너지 통계(Key World Energy Statistics): 2006, 2007, IEA, Paris; IEA(2005) CO_2 Emissions From Fuel Consumption: 1971-2003, IEA, Paris

표 D ㅣ 에너지 이용에 관한 각 제품의 특징

항목	Low W	Medium W	High W	1일 사용 시간	연간 일수	kWh/년 (medium)	CO₂/년 (medium)	연간비용 (medium)
거실/침실	50	65	1,200	24	365	569.4	776.1	60.6
수족관	60	75	175	3	351	79	107.6	8.4
씰링팬(전구 X)		2		24	365	17.5	23.9	1.9
시계	2.93	7.1	10	0.8	351	2	2.7	0.2
DVD/VCR	60	80	100	4	120	28.8	39.3	3.1
전기담요	750	1,000	1,500	4	120	480	654.2	51.1
휴대용 히터		20		4	351	28.1	38.3	3
위성/케이블 박스		15		5	351	26.3	35.9	2.8
위성 안테나	70	200	400	3	351	210.6	287	22.4
스테레오(대형)		15		3	351	15.8	21.5	1.7
스테레오(소형)		7		1	351	2.5	3.3	0.3
휴대용 카세트		110		4	351	154.4	210.5	16.4
TV(19인치)		113		4	351	158.7	216.2	16.9
TV(27인치)		133		4	351	186.7	254.5	19.9
TV(36인치)		170		4	351	238.7	325.3	25.4
TV(53인치)		120		4	351	168.5	229.6	17.9
평면TV(37인치)	750	1,000	1,500	4	120	480	654.2	51.1
물침대 히터	55	100	250	2	120	24	32.7	2.6
윈도우 팬		20		2	351	14	19.1	1.5
비디오게임 콘솔	50	65	1,200	24	365	569.4	776.1	60.6
냉난방								
에어컨(소형)	1,900	3,000	5,000	8	120	2,880	3,925.4	306.4
가습기(소형)	24	75	300	2	351	52.7	71.8	5.6
제습기(소형)		350	785	2	351	245.7	334.9	26.1
온풍기		2,000		3	180	1,080	1472	114.9
휴대용 선풍기		30		3	351	31.6	43.1	3.4
공기청정기		50		2	351	35.1	47.8	3.7
라디에이터 (기름 연료)		2,000		3	180	1,080	1472	114.9
욕실								
컬링 아이언		90		0.17	351	5.4	7.3	0.6

항목	Low W	Medium W	High W	1일 사용 시간	연간 일수	kWh/년 (medium)	CO$_2$/년 (medium)	연간비용 (medium)
전기칫솔		2		0.02	351	0	0	0
헤어드라이어	700	1,200	1,875	0.25	351	105.3	143.5	11.2
전기면도기		3		0.03	351	0	0	0
환기팬		60		2	351	42.1	57.4	4.5
조명(백열/CFL)								
40W / 10W	10	40		4	351	56.2	76.5	6
60W / 15W		60		4	351	84.2	114.8	9
75W / 20W		75		4	351	105.3	143.5	11.2
100W / 29W		100		4	351	140.4	191.4	14.9
150W / 38W		150		4	351	210.6	287	22.4
주방/소형가전기구								
에어 콘 파퍼 (Air corn popper)		1,400		0.08	52	5.8	7.9	0.6
믹서기		300		0.02	351	2.1	2.9	0.2
브레드메이커		680		2	52	70.7	96.4	7.5
커피메이커	900	1,200	1,500	0.25	351	105.3	143.5	11.2
브로일러(broiler)		1,500		0.25	351	131.6	17934	14
깡통 따개		100		0.02	351	0.7	1	0.1
딥(deep) 프라이팬		1,000		0.4	351	140.4	191.4	14.9
전기프라이팬		1,200		0.5	351	210.6	287	22.4
전기칼		95		0.17	351	5.7	7.7	0.6
에스프레소 머신		360		0.17	351	21.5	29.3	2.3
식품 전동조리기구		800		0.17	351	47.7	65.1	5.1
음식물 처리기		750		0.03	351	7.9	10.8	0.8
보온통		18		24	351	151.6	206.7	16.1
과즙기		450		0.2	251	22.6	30.8	2.4
전기주전자	750	1,500	2,200	0.25	351	131.6	179.4	14
주전자 (일본식 2L)		900		0.25	351	79	107.6	8.4
전자렌지	750	1,000	1,500	0.25	351	87.8	119.6	9.3
커피 퍼컬레이터		600		0.42	351	88.5	120.6	9.4
전기밥솥		650		0.5	351	114.1	155.5	12.1

항목	Low W	Medium W	High W	1일 사용 시간	연간 일수	kWh/년 (medium)	CO₂/년 (medium)	연간비용 (medium)
전기 요리 냄비		200		6	52	62.4	85.1	6.6
토스터	600	1,100	1,400	0.1	351	38.6	52.6	4.1
토스터 오븐		1,200		0.25	351	105.3	143.5	11.2
주방/대형가전기구								
냉장고(651L)	65	76	100	24	365	665.8	907.4	70.8
사이드마운트(아이스)								
냉동기(623L)	64	71	100	24	365	622	847.7	66.2
식기세척기	700	1,200	2,400	0.6	351	252.7	344.5	26.9
렌지 스토브 탑	1,200	2,500		1	351	877.5	1,196	93.4
렌지 오븐		2,600	3,500	1	351	912.6	1,243	97.1
세탁/건조/유틸리티		5		24	365	43.8	59.7	4.7
초인종		6		24	365	52.6	71.6	5.6
차고출입문 개폐기		900		2	180	324	441.6	34.5
거터(gutter) 히터	900	1,200		0.12	351	50.5	68.9	5.4
다리미	375	450	600	0.8	351	126.4	172.2	13.4
워셔(washer)		900		2	351	631.8	861.1	67.2
순간온수기	700	1,200	1,700	0.12	52	7.5	10.2	0.8
진공청소기 (중앙 집중식)		300		0.03	351	3.2	4.3	0.3
진공청소기 (핸드형)		650		0.12	351	27.4	37.3	2.9
진공청소기 (직립형)		300		2	351	210.6	287	22.4
물펌프(딥 0.5 hp)		600		2	351	421.2	574.1	44.8
물펌프(딥 1 hp)	500	550		24	365	4818	6566.9	512.6
물탱크(50 갤런)	0.6	1.35	2.26	1	392	529.2	721.3	56.3
세탁기(kWh/L)	1.01	2.26	2.33	1	392	885.9	1207.5	94.3
건조기(kWh/L)	65	76	100	24	365	665.8	907.4	70.8

항목	제품 kg당 CO_2e(그램)
육류	
소고기(농장)	11,600
소고기(안심 - 소매)	68,000
소고기(우둔 - 소매)	42,300
돼지고기(양돈장)	2,250
돼지고기(안심 - 소매)	4,560
돼지고기(우둔 - 소매)	2,950
닭고기(양계장)	1,860
닭고기(한 마리 통째 - 소매)	3,160
생선	
송어(양식장)	1,800
송어(양식 - 소매)	4,470
대구(냉동 - 소매)	3,200
랍스터	20,200
새우(냉동 깐 새우 - 소매)	10,500
새우(생 것 - 소매)	3,000
유제품	
우유(L)	1,200
치즈(옐로우 - 소매)	180
빵 & 시리얼	
빵(밀 - 베이커리)	780
빵(밀 - 포장)	840
빵(냉동 - 소매)	1,200
두유	620
귀리(oat)	570
봄 보리(spring barley)	650
밀	710
채소	
토마토(소매)	3,450
양파(소매)	380
당근(소매)	120
감자(소매)	220
사탕무(소매)	160

항목	제품 kg당 CO₂e(그램)
물냉면	2,186
콩기름	3,230
설탕(백색)	371
밀가루	821
햇반	1,733
음용수(Kwater)	332
사이다	404
콜라	474
딸기요구르트	2,360
포카리스웨트	361
분유	5,889
우유(국내산)	943
두부	724
햄	3,120
초코파이	1,000
설탕(갈색)	465
소주	606

출처: 덴마크 환경보호청(Danish Environmental Protection Agency)의 〈라이프 사이클 분석(Life Cycle Analysis, 2006)〉, "LCA Food Database", www.lcafood.dk
• 물냉면 이후는 한국 환경부(www. Edp.or.kr/carbon/list) 자료임

기후 다이어트

초판 1쇄 발행 | 2011년 4월 25일
초판 3쇄 발행 | 2023년 4월 10일

지은이 | 조나단 해링턴
옮긴이 | 양춘승
펴낸이 | 김진성
펴낸곳 | 호이테북스

기　획 | 김혜성
편　집 | 신용진
디자인 | 장재승
관　리 | 김진주

출판등록 | 2005년 2월 21일 제2016-000006
주　　소 | 경기도 수원시 장안구 팔달로237번길 37, 303호(영화동)
전　　화 | 02) 323-4421
팩　　스 | 02) 323-7753
홈페이지 | www.heute.co.kr
전자우편 | kjs9653@hotmail.com

값 13,000
ISBN 978-89-93132-20-5 13450